中 学 信 息 技 术

王荣良◎主编

上海科技教育出版社

图书在版编目(CIP)数据

跟我学做GAME:KODU程序设计入门/王荣良主编. —
上海:上海科技教育出版社,2017.3
ISBN 978-7-5428-6521-2

Ⅰ. ①跟… Ⅱ. ①王… Ⅲ. ①游戏程序—程序设计
Ⅳ. ①TP317.6

中国版本图书馆CIP数据核字(2016)第297077号

责任编辑 杜文彪
封面设计 杨 静

跟我学做Game
KODU程序设计入门
王荣良 主编

出　　版 上海世纪出版股份有限公司
上 海 科 技 教 育 出 版 社
(上海市冠生园路393号 邮政编码200235)
发　　行 上海世纪出版股份有限公司发行中心
网　　址 www.sste.com www.ewen.co
经　　销 各地新华书店
印　　刷 上海市印刷二厂有限公司
开　　本 787×1092 1/16
印　　张 10
版　　次 2017年3月第1版
印　　次 2017年3月第1次印刷
书　　号 ISBN 978-7-5428-6521-2/G·3718
定　　价 58.00元

编写人员名单

主　　编

王荣良

副 主 编

曹　磊　沙　金

编写人员

（按姓氏笔画排序）

丁　奕　陆梅卿　崔佳莺

前 言

我国基础教育阶段的计算机教育一直在走一条曲折的道路。20世纪80年代，以BASIC语言为主要内容的计算机教育在我国普遍展开，这是在改革开放大背景之下的科技普及活动。计算机是先进科学技术与装备的代表，计算机教育起着开启全民科学意识、推进科学技术发展与应用的作用。在同一时代，中小学也开设了相应的计算机教育课程，并经过广大教师的不断实践，形成了适合中小学生的BASIC语言课程体系与教学资源。然而，受时代的局限、技术的局限、设备的局限，中小学的BASIC语言教学虽然在技术细节的教学方法上不断深化，但在编程思想上缺乏研究，使得编程思想淹没在多样化的计算机应用软件普及大潮中，最终被各种软件操作学习所取代，使一门原本属于思维设计类的课程变成了软件操作类的课程。

在计算机表现得越来越聪明，操作越来越方便，能为人类免去许多繁琐操作的今天，学习怎样使用计算机已经不是主要问题，而理解计算机解决问题的思想与方法则更为重要，更具有普遍的教育价值。培养一个计算机学科领域的科学家或工程师，需要学习并理解计算机解决问题的思想与方法。但是这些思想与方法，并不仅仅是计算机领域的专家所需要掌握的，新时代的公民也需要对它有所了解，从而能贯通现实世界与虚拟的计算机世界。

非专业人士在学习计算机解决问题的思想与方法时，希望不涉及过多的计算机专业领域的技术细节，这就需要有一个工具或平台，让人们能够方便地体验计算机完成预设任务的过程。而如果学习者只是一名初中生，不仅要尽可能地摒弃技术细节，有方便的体验过程，还需要学习内容有趣，符合中学生的心智特征。KODU就是这样一款合适的编程工具。

KODU是一款针对青少年的软件开发工具，它可以编制带有情景的游戏，让学生提起学习的兴趣和注意力。使用KODU进行编程，不需要编制程序代码，也不需要理解复杂的程序结构。通过对游戏场景中有关对象的动作进行设定，就可以安排KODU完成预设的动作。这也是本书推介KODU作为学习平台的原因。在学习KODU软件的过程中，学生可以充分发挥想象力，根据各自的生活体验编制有趣的故事情节，依据KODU软件的开发环境要求，使所设想的三维场景、人物形象、活动轨迹、游戏规则，一一在计算机上实现。

本教材采用项目学习的方法，以游戏作品开发为线索，由浅入深地安排活动。学生在游戏开发过程中学习编程思想和KODU操作技术，体验游戏作品的制作过程和成功的喜悦。通过本课程的学习，学生不仅可以掌握运用KODU开发游戏的具体技能，了解计算机解决问题的基础特征与方法，还能够经历从游戏故事创编，到游戏关键元素抽象与形式化表达，到场景制作与编程实施，再到调试排错与工程化评价这样一个完整的作品开发过程，从而培养叙事能力、创新意识、计算思维以及团队协作与项目管理能力。

本教材已在部分初中学校试用，效果良好。同时，试用团队也为教材的编写提供了非常宝贵的意见，在此表示衷心感谢。

愿广大青少年能喜欢本教材，喜欢计算机编程，喜欢创新与开发。

编者

目 录

第一单元　初识KODU

好可爱的小豆子，你是谁呀？

我叫小酷，是电子游戏开发的小工程师，想不想跟我学习开发电子游戏呢？

我只玩过电子游戏，开发电子游戏会不会很难啊？在这方面我可是小白呢！

别怕，我们可以使用KODU这个开发平台，它很适合开发电子游戏的新手。我们边学习边实践，相信你也会成为出色的电子游戏开发工程师的。

第一节　电子游戏的开发

作为一位未来的电子游戏开发工程师，你首先应该知道电子游戏常见于哪些设备上，还需要知道开发电子游戏主要有哪些工作。

一、电子游戏开发的主要工作

电子游戏是通过人机互动的形式实现的。在游戏过程中，电子设备根据玩家的指令作出反应，并促使玩家作出回应，游戏情节随之不断地深入，直到以某种方式结束。随着信息技术的发展，电子游戏由最初的单机游戏，发展到目前盛行的网络游戏，同时，电子游戏设备也呈现出多样化的特点（如图1.1.1所示）。

红白机

掌上游戏机

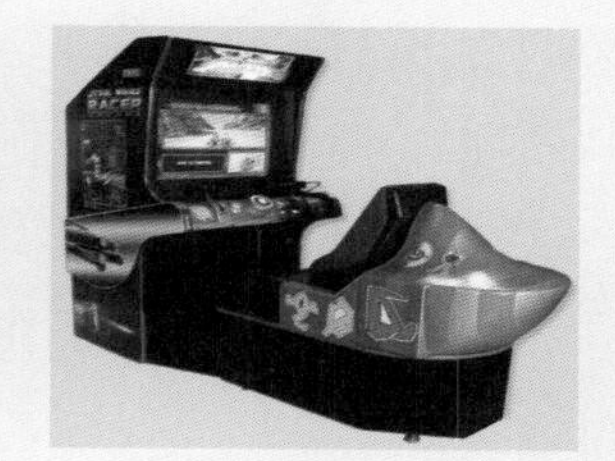

街机

电脑

手机

体感设备

图1.1.1　不同的电子游戏设备

电子游戏的开发包含四个方面的工作：游戏策划、美术设计、程序编写、系统测试。

游戏策划：一个游戏是否好玩，主要看策划工作做得怎样。策划时不但要写明游戏程序运行在什么系统上、游戏的玩法、游戏的故事背景文案等,还要把玩家看到的是什么、如何操作、操作后游戏怎样反馈以及游戏内部逻辑如何实现等一系列问题进行详细的设定。游戏策划不仅仅是给负责美术设计和程序编写的人员看的,告诉他们做什么和怎么做,更重要的是描述出游戏未来成品的样子,也就是玩家看到的样子。

美术设计:游戏中各角色的造型和动作、场景中的花花草草或小房子、漂亮的武器装备以及炫目的特效……凡是游戏中你看得到的东西,几乎都是美术设计工作的范畴。很多游戏玩家对游戏画面的品质有非常高的要求,如果游戏画面不精致,他们可能就不愿意去尝试。

程序编写:程序决定游戏能否顺利运行。游戏和动画最大的区别在于动画无法对玩家的操作作出任何反应,而游戏可以,这就是程序的功劳。程序编写工作能让游戏中的角色及道具"活"起来,允许他们去做某些事情,或者禁止做某些事情。

系统测试:系统测试工作可分为白盒测试和黑盒测试两类。白盒测试相当于把盒子打开,一样样检查里面东西对不对,也就是测试一条条代码是否正确。黑盒测试相当于把盒子封起来,检查功能有没有问题,把当初策划的规则都来试一试,检查是否能够实现,是否需要改进。

以上这些工作在电子游戏开发中都是非常必要的,每项工作都应给予同等的重视。

为了帮助你更快地上手,我先带你认识并且熟悉KODU,领略其独特的魅力,相信这一定会给你带来难忘的体验。

二、KODU初印象

1. KODU开发平台

KODU是微软公司开发的一种可视化编程软件。它作为一个电子游戏开发平台,操作非常简单,只要根据直观的图示,即可修改角色和物件的属性,哪怕没有程序设计基础,你也可以开发出属于自己的3D游戏。

KODU支持使用鼠标、键盘和Xbox360控制器进行按键操作及体验游戏,它内置了多款游戏模式的范例,可以在游戏开发过程中随时调试、体验(如图1.1.2所示)。

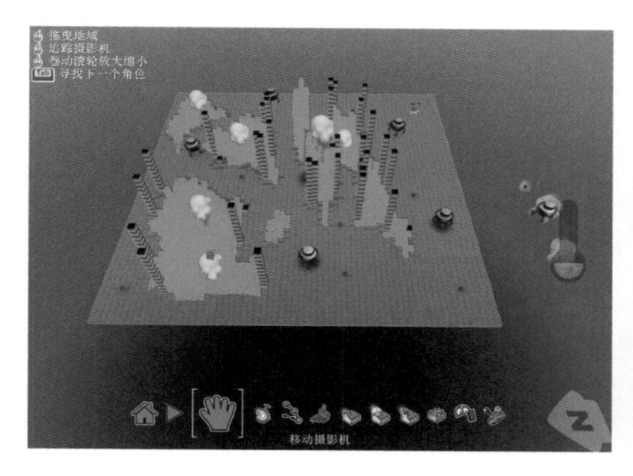

图1.1.2　KODU游戏开发界面与游戏体验界面

使用KODU开发电子游戏包含游戏策划、美术设计、程序编写和系统测试等工作。在游戏开发过程中,你既是游戏策划师,又是程序编写员;既要充当美术设计师,也要承担系统测试员的职责。你要为电子游戏作品编写故事、创建人物、搭建世界、制定游戏规则,并编写相应的程序,最终完成游戏作品。相信在经历了电子游戏开发的全过程之后,你会对编程有初步的了解,那些原本只存在于脑海中的奇思妙想,也会在KODU开发平台的支持下一一实现。

2. KODU在线社区

KODU有一个在线社区,它的链接是:http://www.kodugamelab.com(如图1.1.3所示)。

上网访问在线社区,可以下载KODU软件,了解最新的KODU动态,获取KODU程序设计相关资料等。除此以外,还能与世界各地的伙伴们交流学习中遇到的问题,分享自己开发的游戏,下载其他伙伴的游戏作品,并为他们点赞。

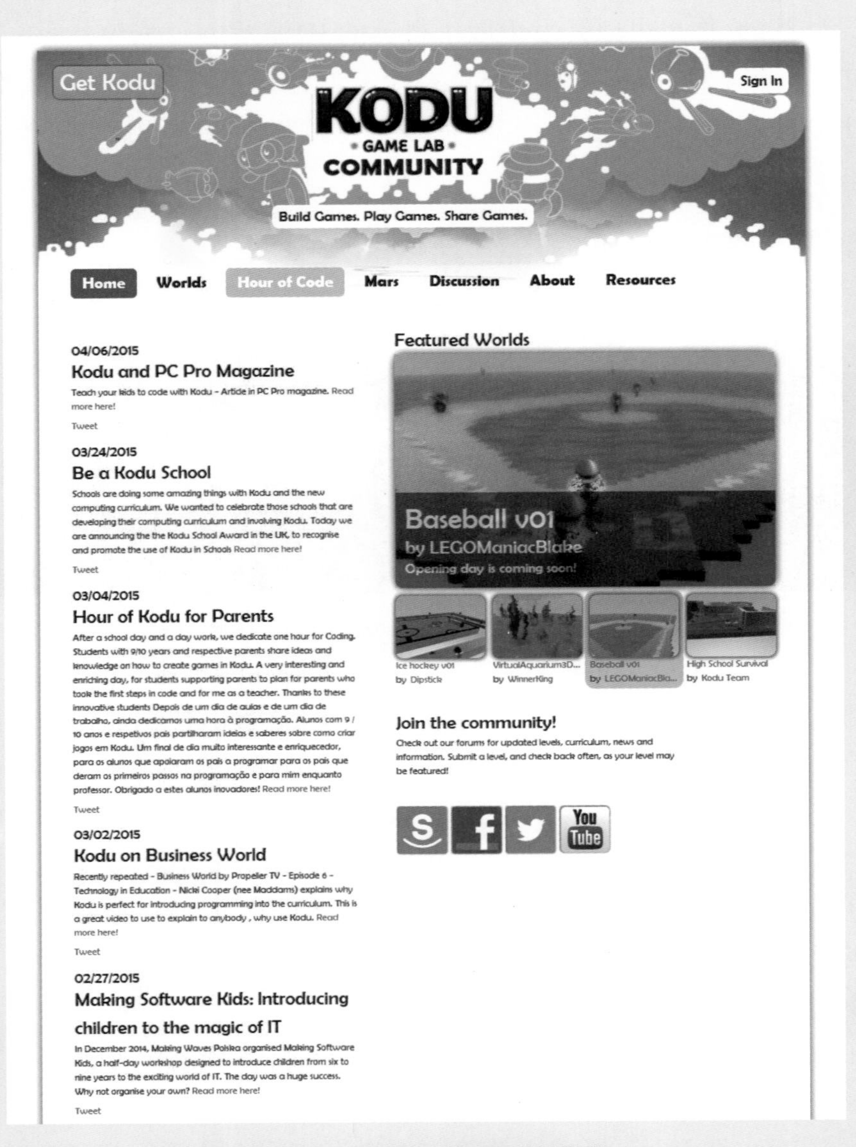

图1.1.3 KODU社区网站截图

本书对应的KODU软件版本为1.4.111.0(中文版)。

第二节　进入KODU新世界

说到这里，我们还都只是纸上谈兵，相信你已经跃跃欲试了，那就跟随我的脚步，一起进入KODU的世界吧！

一、进入KODU

成功安装软件后，你会看到桌面上有一个卡通人物的图标，它就是KODU中的第一主角小酷。

双击该图标，进入KODU平台并看到主菜单界面（如图1.2.1所示）。

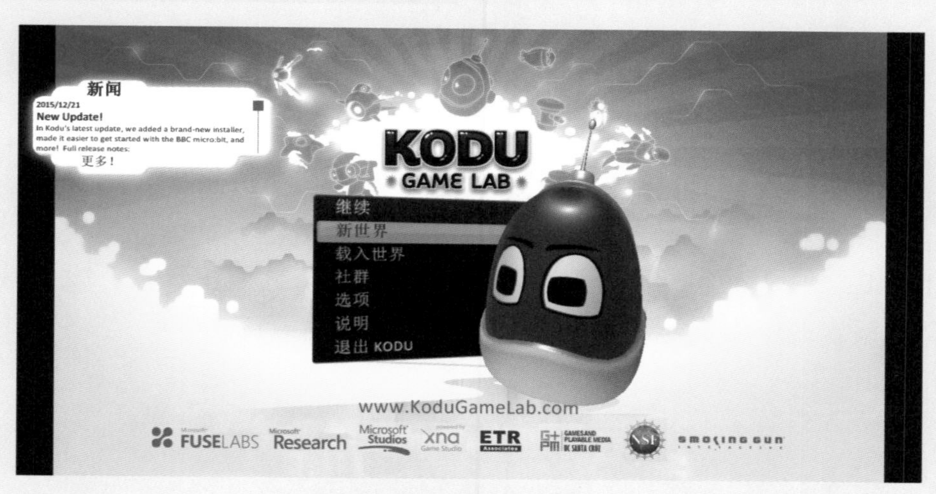

图1.2.1　主菜单界面

在这里，你可以开始开发一个新游戏，也可以选择打开样例或者已经做好的游戏。

二、认识KODU场景

在主菜单中单击“新世界”，即创建了一个KODU新世界（如图1.2.2所示），也就是创建了一个新游戏的场景。

KODU 中的场景是一个三维空间，由陆地和天空构成。你可以在场景中添加树木、山川、河流，搭建神秘花园，甚至可以删除地面，创建天空之城、海洋世界……平时只能存在于想象中的世界可以在 KODU 的场景中瞬间变为现实（如图 1.2.3 所示）。

图 1.2.2　KODU 基本场景

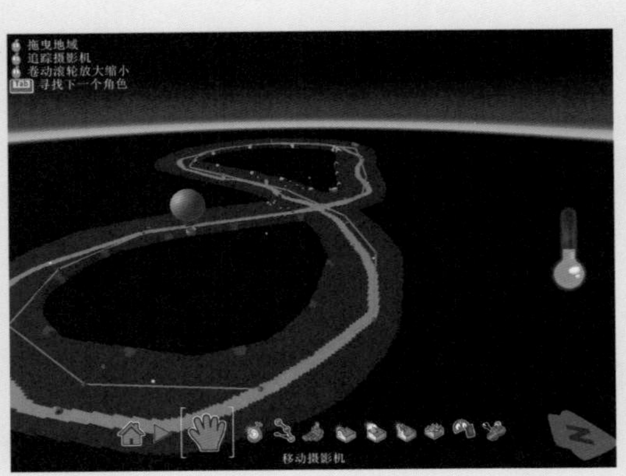

图 1.2.3　KODU 中搭建的场景

三、认识 KODU 的常用工具

在图 1.2.2 中，KODU 场景下方分布着一排工具，这些工具在开发游戏的过程中会被频繁地使用。要成为电子游戏开发工程师，首先必须了解各个工具的使用方法。

表 1.2.1　KODU 常用工具功能描述

图标	功能
（首页图标）	首页菜单
（播放图标）	玩游戏
（手形图标）	移动摄影机
（对象工具图标）	对象工具（新增或编辑角色与对象）
（路径工具图标）	路径工具（新增或编辑路径）

	地面刷具（增加或删除地面，改变地面材质）
	上/下（创造山丘和山谷）
	变形（让地面平滑或出现高低起伏）
	粗糙化（创造有山尖或者山峦的地面）
	水工具（添加和移除水，更改水的颜色）
	删除工具（清除对象）
	改变世界设定

在使用KODU开发游戏时，一旦某个工具被选中，工具图标就会变大，同时还会被一对黄色方括号包围，并在工具栏的下方显示该工具名称（如图1.2.4所示）。你可以自行尝试探索，也可以在本课程之后的活动中详细了解各个工具的使用方法。

图1.2.4　KODU常用工具

四、切换视角和缩放镜头

KODU新世界所提供的基本场景，是一个超级炫酷的三维空间，但默认的视角和场景的大小在设计时往往不能满足设计者观察的需要。为了观察的方便，常需要切换视角及缩放镜头。

1. 切换视角

在窗口下方的工具栏中，选中移动摄影机工具。按住鼠标左键拖动，可以平移绿色地面在屏幕的位置；按住鼠标右键拖动，可以切换视角，便于我们从各个角度去观察整个场景（如图1.2.5所示）。

图1.2.5 不同视角

在拖动时，你会发现场景右下角的指针标示也在变化，它实际上是一个指北针，可以帮助你在KODU世界中辨清方向。

2. 缩放镜头

使用鼠标滚轮，可以控制镜头的缩放，向前滚动时镜头放大，向后滚动时镜头缩小，如图1.2.6所示。利用键盘上的PageUp键、PageDown键也能实现以上效果。操作时，可关注屏幕左上角的提示文字。

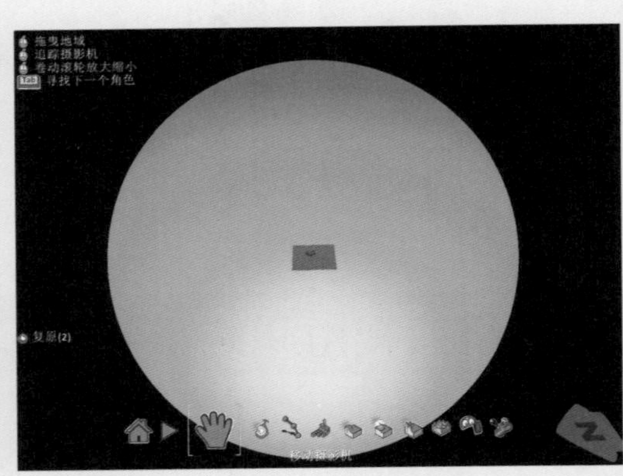

图1.2.6 镜头的放大与缩小

五、学习资源

KODU平台上有大量的课程资源，你可以跟随课程中的提示开展学习，完成初步的游戏开发。

选择课程资源进行学习

1. 在主菜单中选择“载入世界”，表示将加载一个已经制作好的游戏世界。

图1.2.7　主菜单中选择“载入世界”

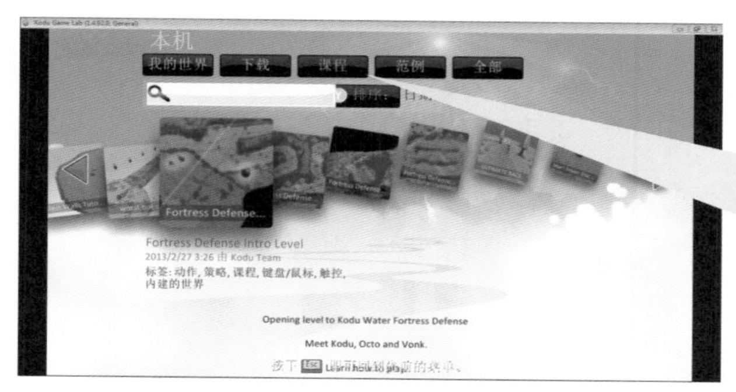

2. 选择“课程”栏目，会看到丰富的课程资源，可以根据标签、介绍来挑选课程。

图1.2.8　选择“课程”页面

3. 单击一个课程项目，在右侧弹出的菜单中选择“玩”就可以进入该课程资源，根据引导语句进行学习。

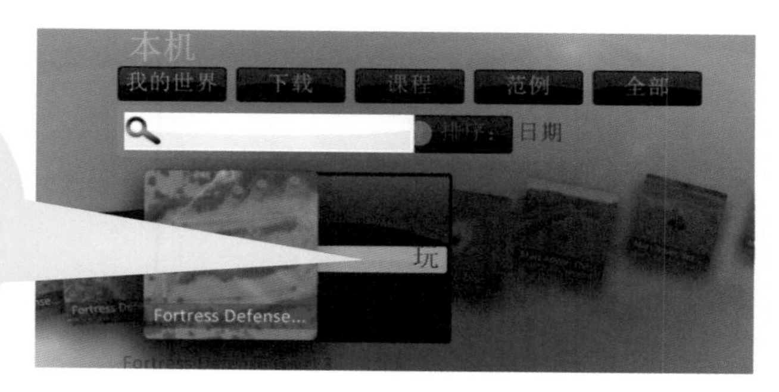

图1.2.9　进入课程资源页面

作为初学者，可以从First Tutorial课程出发（如图1.2.10所示），通过玩中学的方式，在这些课程的指引下开启KODU世界的探索之旅。

图1.2.10 First Tutorial课程

在课程资源中,你会发现这里面的场景不再是单一的绿地和天空,其中还包含了各种物件,如岩石、树木、机器人等,场景变得丰富起来了。它们是如何添加的呢?请继续后面的学习。

第三节　KODU游戏初体验

利用KODU做出来的游戏效果究竟是怎么样的呢？相信你已经迫不及待地想知道了，那就让我们一起来体验KODU游戏吧！

一、游戏载入

和上一节中打开课程资源的方式相似，在“载入世界”中的“全部”栏目下找到游戏“Mars Rover: Discovery”（如图1.3.1），这是KODU团队已经开发完成的一个游戏。

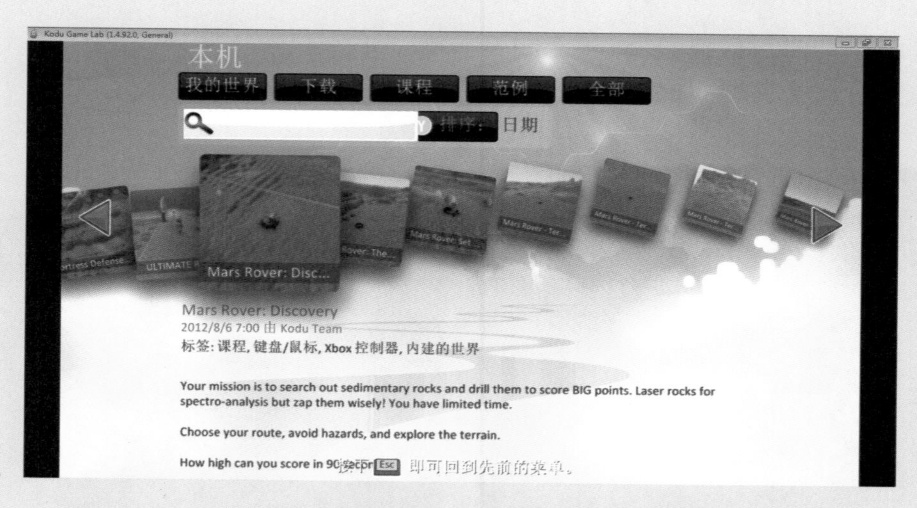

图1.3.1　Mars Rover: Discovery游戏

在搜索栏中输入关键字，可以更快速地找到目标游戏。

在此游戏中，你的任务（如图1.3.2）是搜索并开采岩石，在90秒之内获取尽可能多的积分。游戏中你可以自己选择行进路线，探索不同地形。值得一提的是，在不同的地形上，火星漫游车的移动速度是不一样的哦！

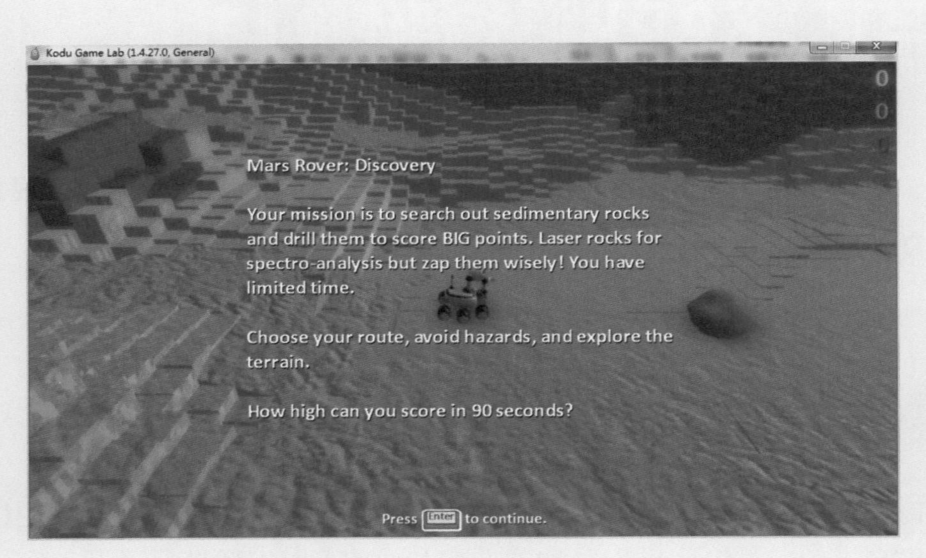

图1.3.2 Mars Rover:Discovery游戏任务说明

建议你不要盲目地去玩，玩之前先了解一下游戏的规则以及操作方式，具体可以参考游戏向导说明（如图1.3.3所示）。

图1.3.3 Mars Rover:Discovery游戏向导说明

二、游戏体验

如今，你已经不仅仅是游戏玩家，更是游戏开发者，这就需要你换个角度来看待电子游戏。以下的游戏体验单，能帮助你在体验游戏的过程中去发现、思考和总结。

Mars Rover: Discovery游戏体验单

作为游戏玩家

游戏中你操控了哪些对象？

你操控对象做了哪些动作？

你获得的最高积分是多少？

你认为获得高分的窍门是什么？

你喜欢这个游戏吗？理由是什么？

作为游戏开发者

这个游戏适宜哪个人群来玩？理由是什么？

游戏的场景是否吸引玩家？有什么可以改进的地方？理由是什么？

游戏的操控是否顺畅？有什么可以改进的地方？

你认为这个游戏要获得高分有难度吗？是否需要改进得分方式？

在游戏过程中，是否出现“死机”的现象？

从个人的喜好出发，怎样让这个游戏变得更好玩？

通过本章节的学习，你对KODU有了初步的了解，也对电子游戏有了更多的思考。在操作时，或许你对KODU这个新软件还不习惯，特别是工具的使用、视角的切换以及场景的缩放，其实这些都只是KODU的基本操作技能，别担心，相信只要你多多练习，就会积累出丰富的经验。

拓展阅读：电子游戏与电脑实现

20世纪中叶，由于信息技术的迅猛发展，游戏的载体从自然界中实际存在的事物，演变成为计算机中看不见摸不着的程序，电子游戏宣告诞生。

最早有记录的电子游戏诞生于1952年，为井字棋游戏。在20世纪70年代，电子游戏已然成为了一种商业娱乐媒体，并逐渐成为世界上最获利的娱乐产业之一。如今，电子游戏在技术上获得了诸多突破，体感游戏、虚拟现实（VR）等游戏逐渐走进了人们的生活。

电子游戏的类型大多是在发展过程中约定俗成的，并没有一个统一的分类方法，运用不同的标准来分类，结果往往大相径庭。按玩家人数来分，可以分为单人游戏、多人游戏；按是否需要联网来分，可以分为单机游戏、网络游戏；按媒介来分，可以分为电脑游戏、主机游戏、掌机游戏、街机游戏、可携带式游戏等；按游戏题材来分，可以分为动作类、冒险类、养成类、竞速类、角色扮演类、益智类等多种游戏。

我们常驻足于纷繁的电子游戏世界，可曾想过这些电子游戏是如何在设备中实现的呢？这就需要了解电子游戏的载体——程序。

程序是为实现特定目标或解决特定问题，由程序员利用计算机语言编写的命令序列的集合。常见的程序编写语言有C++、VB、JAVA等。在电子游戏中，程序是核心，它通过读取、分析、执行游戏中设定的指令，来完成游戏设计师的预设目标。

在程序的作用下，电子游戏能实现游戏与玩家的互动，游戏中设计的人工智能，使游戏中的角色、道具等相互影响，并根据游戏设定，让某些对象去做特定的事情，或者禁止他们做某些事情。例如，在游戏“超级玛丽”中，马里奥可以根据游戏中的设定，通过吃蘑菇来获取改变大小、发射子弹等能力，却不能做出游戏设定之外的动作。

当然，程序也有不同的分工，有作为管理者和架构者的主程序，有负责客户端和服务器的程序，有负责数据库和界面的程序等。如网络游戏，不仅需要客户端程序，还需要服务器端程序，只有通过服务器发送消息、处理数据，才能保证成千上万的玩家在同一个游戏中一起玩，角色之间彼此能看见、能交流、能协作。有了这些程序，电子游戏才得以在设备中实现。

开发游戏程序一般需要选择游戏引擎，所谓游戏引擎是指一个为运行某一类游戏的机器而设计的，能够被机器识别的代码（指令）集合。它相当于游戏的框架，框架搭好后，游戏设计者只要往里面填充内容就可以了。

游戏引擎有许多种类，如渲染引擎、物理引擎、碰撞检测系统、音效、脚本引擎、电脑动画、人工智能、网络引擎以及场景管理等，它们为游戏开发者高效率、高质量地完成工作提供了方便，但它们都是针对专业的编程人员所设计的，需要具备一定的专业知识才能熟练使用。随着技术的发展，出现了一些可视化的游戏制作平台，内嵌各类游戏引擎，非常适合游戏开发初学者使用，如本单元所认识的可视化编程软件KODU，用户通过鼠标点击、拖放、拉伸，即可完成游戏场景的建立、事件动作的添加以及动画和特效的编辑等复杂工作。中小学生都可以很容易地上手，并用它来制作属于自己的电子游戏。

第二单元　小酷登场

你带我玩的火星探险游戏太好玩啦!

岂止好玩,KODU还能用来设计、制作和分享属于你自己的游戏呢!

好期待啊! 你能带我一起去制作一个游戏吗?

好啊! 不过你先要对KODU有所了解才行。走! 我们一起去认识一下KODU吧!

第一节　地面设计

地面是游戏场景的重要组成部分。KODU 为游戏设计者提供了平地、山脉、河流等多种不同类型的地形。你在设计游戏场景时会选择什么样的地面呢?

任何一款电子游戏都需构建一个虚拟的世界,这个虚拟世界的空间面貌称为场景。在第一单元的火星探索游戏场景中,游戏设计者用岩石、沙地、沙丘营造出火星的地面,并让游戏角色“火星漫游车”可以做出行走、爬坡、扫描岩石等动作,还使“火星漫游车”在不同材质的地面上呈现出不同的动作效果,极大地增加了游戏的可视性及趣味性。因此,作为一位未来的电子游戏开发工程师,在设计制作一款电子游戏时首先要明确将构建一个怎样的场景,并确定其地形地貌。

游戏场景中地面的设计包括范围设计、材质设计、形状设计等不同属性的设计。

一、地面范围设计

正如画布的大小决定了画的尺寸,KODU 场景中地面的形状与大小决定了游戏的地面范围,也限定了游戏中角色在地面的活动空间。

进入 KODU 的新世界,呈现在我们眼前的是一片绿色的正方形地面。这块地面的大小并不是固定不变的,使用窗口下方工具栏中的地面刷工具(如图 2.1.1 所示),可以增加、减少,甚至清空地面,同时可以根据所选取的地面刷样式打造出不同外观形状的地面。

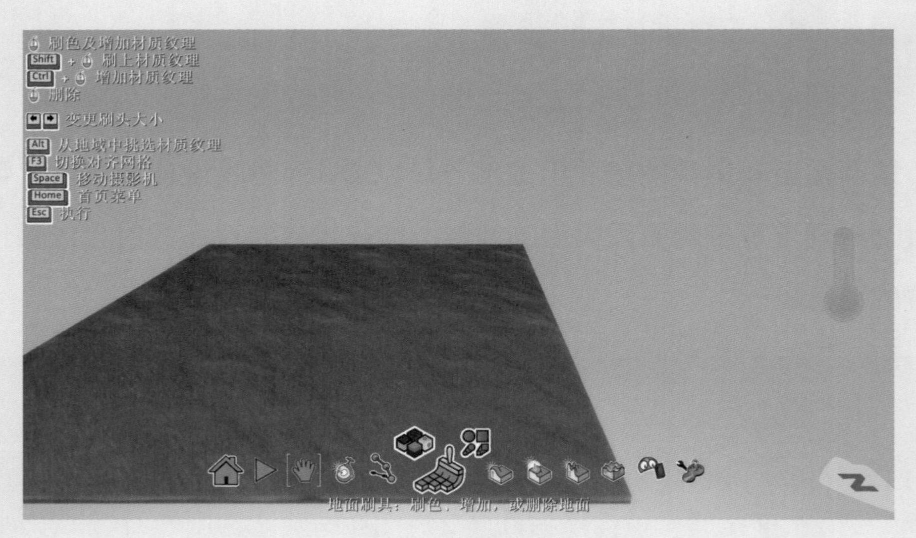

图2.1.1　地面刷工具

使用鼠标选中“地面刷工具”，场景中会出现一块高亮的白色方块，在原有的地面之外单击或拖曳鼠标，白色方块所经区域就会变成地面，从而增加地面的范围（如图2.1.2所示）；在原有的地面之内右击或右键拖曳鼠标，白色方块所经区域的地面就会被擦除（如图2.1.3所示），从而缩小地面的范围，若有需要，甚至可以清除所有地面。

图2.1.2　新增地面

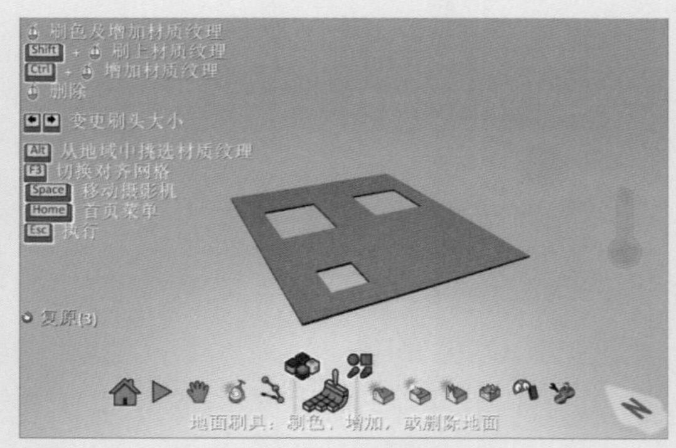

图2.1.3　擦除地面

试一试　**使用地面刷时，按下键盘上的 ← 键或 → 键，看看地面刷会发生怎样的变化。**

二、地面材质设计

你是否已经对绿色的地面有些厌倦了呢？地面刷工具可不仅仅是只能建造出绿色地面的“平庸之辈”，它提供了不同材质的平地，数量超过100种，以迎合各位游戏设计者制作游戏地形的需要。

运用地面刷工具可改变地面的材质。用鼠标单击“地面刷工具”，在“地面刷工具”的上方会出现两个小图标，左上方的是“地面材质选项”，右上方的是“地面刷形状选项”（如图2.1.4所示）。单击左上方的“地面材质选项”图标，然后在打开的地面材质选择列表中，使用键盘上的←键或→键，可选择所需的地面材质（如图2.1.5所示）。

图2.1.4　地面刷工具的两个选项

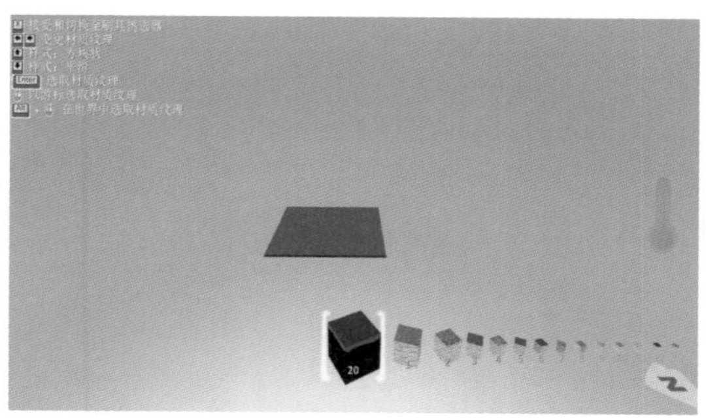

图2.1.5　地面材质选择列表

试一试　**单击地面刷工具右上方的“地面刷形状选项”图标，看看该工具会使地面发生怎样的变化。**

使用地面刷时，按住Ctrl键拖曳鼠标，能确保原有地面样式不被新样式覆盖；按住Shift键拖曳鼠标，可以将原有地面样式替换成新样式。

通过本节的学习，你已经拥有了一些设计地面的基本能力。设想一个你想要的电子游戏场景，然后使用地面刷工具将它变为现实吧！

第二节 认识游戏角色

游戏角色是电子游戏的元素之一，它可以是静态的，也可以是动态的，我“小酷”作为KODU的形象代言人，也能担当游戏角色。不信？就跟我来试试吧！

一、角色登场

在KODU中，游戏角色可通过对象工具来添加。

对象是计算机编程中的一个常用术语。KODU是一款面向对象的游戏编程软件，其中所有为创作游戏而添加的角色、物体都可以理解为对象，每个对象都有名字，可以代表现实世界中的事物，如树木、岩石、金币、飞机等（如图2.2.1所示）。

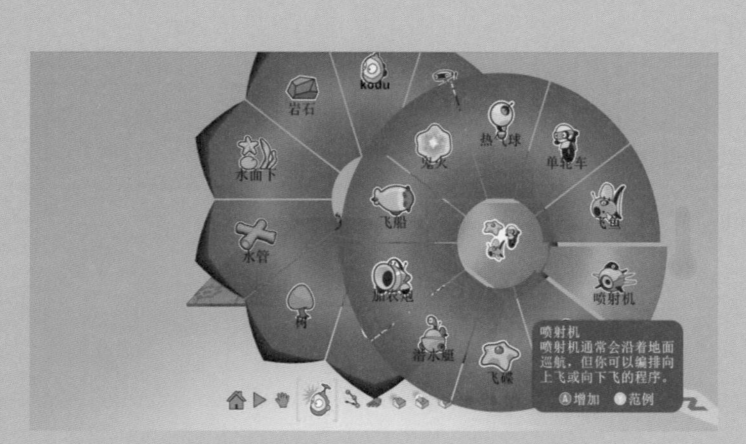

图2.2.1 KODU中的对象

KODU为游戏设计者提供了不同类型、形态各异的对象。如图2.2.2所示，描绘好的地面上，现在空无一物，通过窗口下方工具栏中的对象工具，可以从弹出的环形菜单中选取所需要的游戏角色。

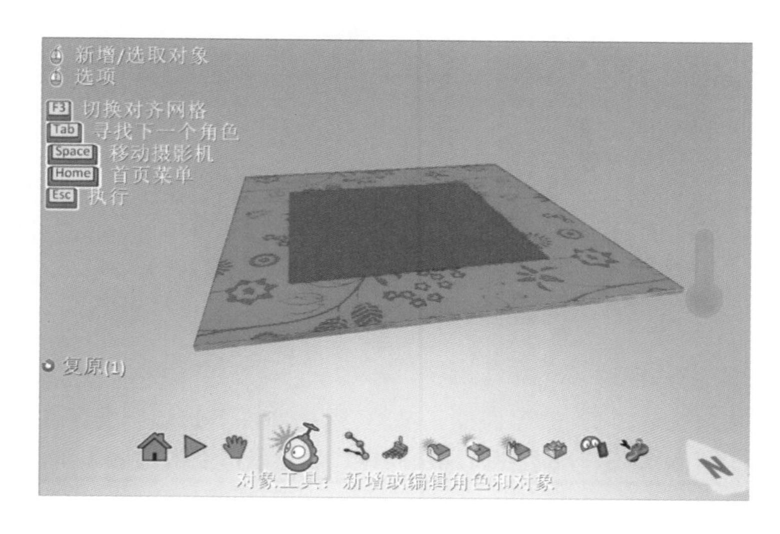

图2.2.2　已建好的地面

以添加对象“小酷”为例，图2.2.3和图2.2.4显示了具体的操作方法。

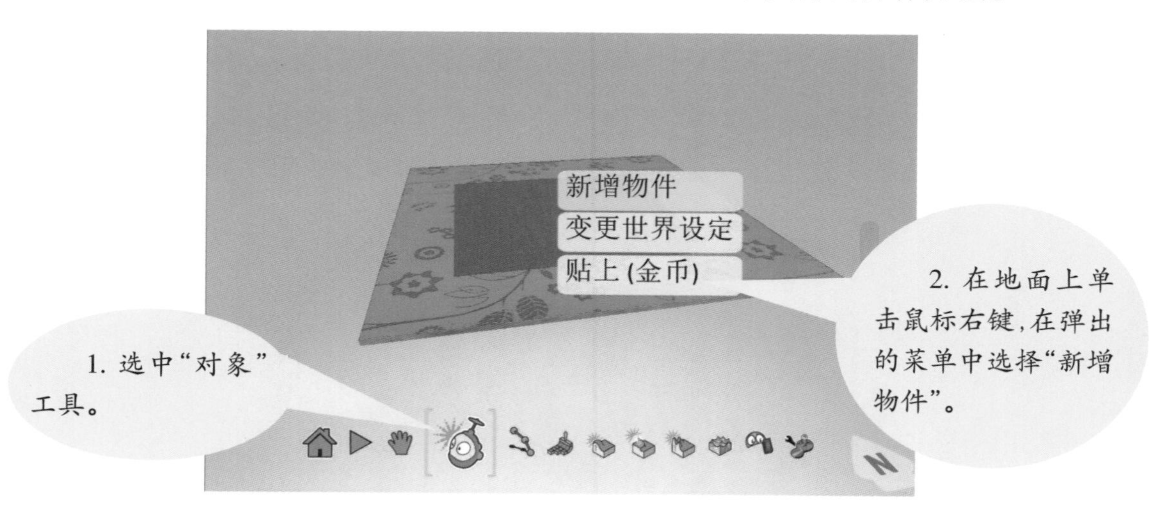

图2.2.3　新增物件

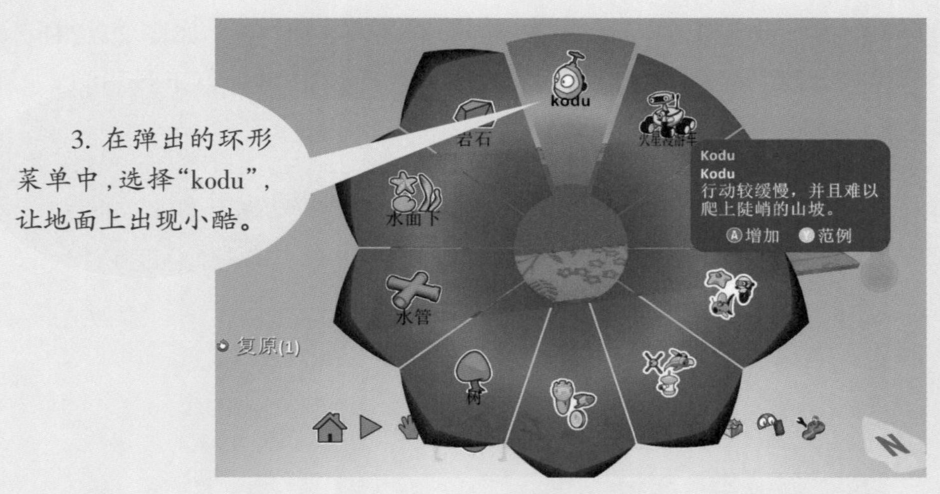

图2.2.4　添加对象“小酷”

试一试　**使用对象工具，除了添加小酷，还能添加许多对象。尝试在场景中添加一些树木、矿石、星星、云彩等对象，让场景看上去更加丰富。**

二、有个性的小酷

对于每个已经添加到场景中的对象来说，通过设置对象的属性，就可以把对象变得更有个性，便于游戏设计者与玩家辨识。

1. 小酷的颜色设置

单击“对象工具”按钮 ，将鼠标光标移动到对象上，如图2.2.5所示的“小

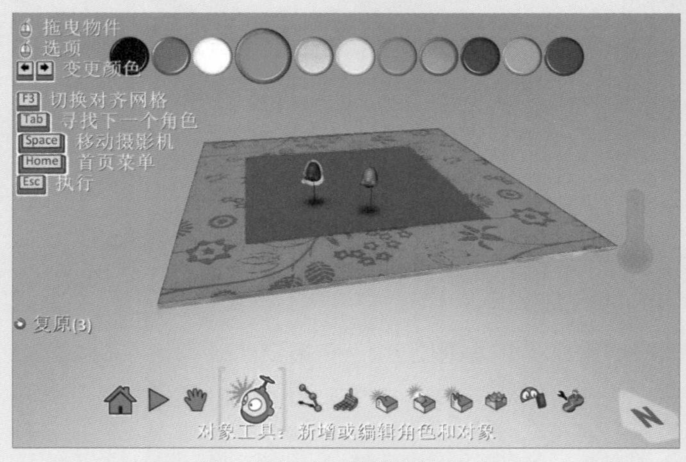

图2.2.5　为小酷选择颜色

酷”，它的周围会出现一圈光晕，此时，可通过方向键←键或→键，来选择对象的颜色。

2. 小酷的大小设置

单击“对象工具”按钮，右键单击场景中的对象，如图 2.2.6 所示的“小酷”，在弹出的菜单中选择“变更大小”，再用鼠标在弹出的滑动标尺上点选，可以调整“小酷”的大小。

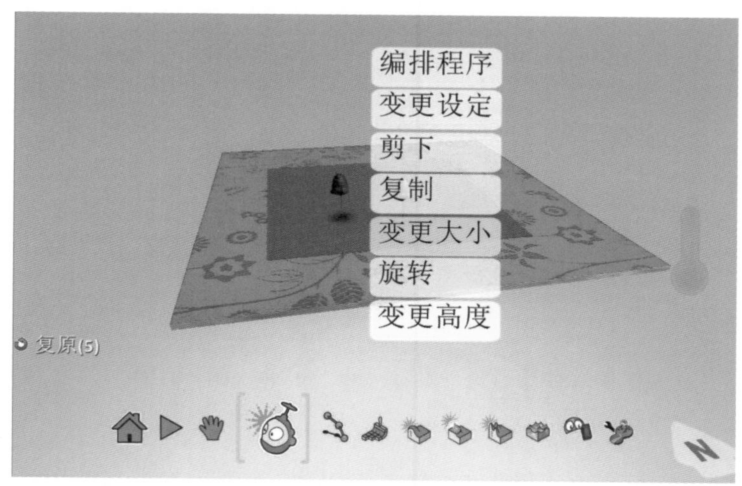

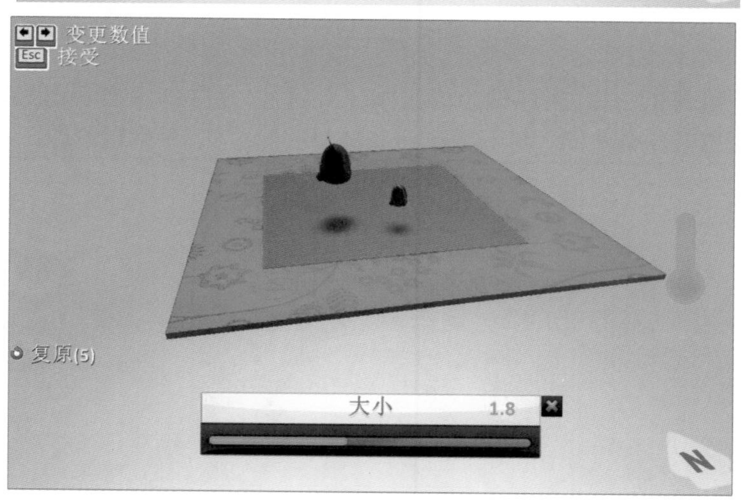

图2.2.6　变大的红色小酷

3. 小酷的高度设置

用类似方法，在菜单中选择“变更高度”，可以调整对象的高度。

试一试 请尝试调高红色小酷的高度，看看最高能调到多少？

4. 小酷的朝向设置

用类似方法，在菜单中选择“旋转”，可以调整对象的朝向，如图2.2.7所示的小酷通过“旋转”设置，朝向变了，以真面貌示人了。

图2.2.7 小酷正面

试一试 使用对象工具，为场景中的对象改变属性，并注意观察不同对象的属性初值有什么不同。请观察矿石和云彩的高度值，并尝试修改。

当游戏中出现多个相同的对象时，对象的属性设置就显得尤为重要。把它们设置成不同的颜色、大小、高度等，既可以便于游戏设计者进行后续制作，又便于玩家在游戏过程中予以区分。

第三节　让对象动起来

在电子游戏中，玩家往往需要控制某个角色的行为，如通过键盘控制某个角色完成行走、跳跃及其他的游戏任务。怎样才能做到这些呢？让我们来为对象编程吧。

一、WHEN...DO...语句

KODU中的对象行为控制可以通过WHEN...DO...编程语句来实现，即当某事件发生时，执行某个指令。换言之，就是在WHEN选框中添加对象动作发生的条件，在DO选框中添加对象做出的具体动作或行为。

在设计制作游戏时，你只要右击对象，选择“编排程序”，在WHEN...DO...语句编辑窗口中单击WHEN或DO选框中的“+”（如图2.3.1所示），再在弹出的环形菜单中选择需要的子菜单，就能为游戏对象添加程序脚本。完成后，利用ESC键，可以退出WHEN...DO...语句编辑窗口，返回至场景编辑界面。

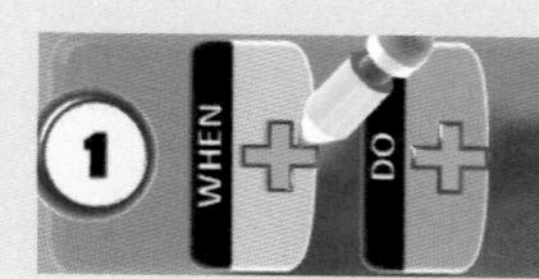

图2.3.1　WHEN...DO...语句编辑窗口

在场景编辑界面中，利用ESC键，可以进行场景编辑界面和游戏执行界面间的切换。在编辑界面状态下，注意观察左上角的提示文字，往往会有意外的收获。

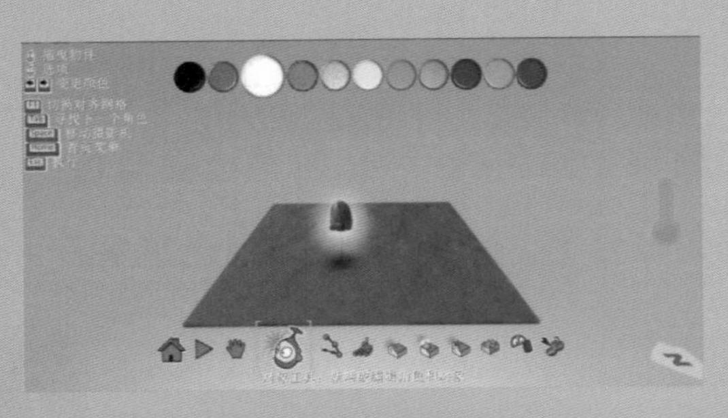

场景编辑界面

游戏执行界面

二、WHEN语句的使用

根据选中的对象不同，单击编程语句WHEN选框中的“+”，会出现不同的选项。对于小酷而言，可以在图2.3.2的环形菜单中，根据对象在游戏中所须完成的任务，选择相应的选项，作为动作发生的条件。

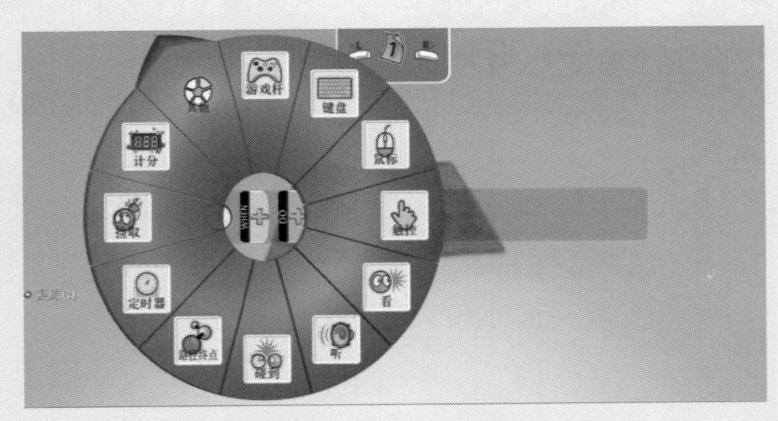

图2.3.2 单击WHEN选框“+”后出现的环形菜单

仔细观察图2.3.2的环形菜单可以发现，有一块选项卡的顶端呈尖角状，说明还有下一级菜单可以打开。

三、DO语句的使用

同样地,面向不同的对象,单击编程语句DO选框中的“+”,也会出现不同的选项。对于小酷而言,可以在图2.3.3的环形菜单中,根据角色在游戏中所须完成的任务,选择相应的选项,作为它要执行的动作。

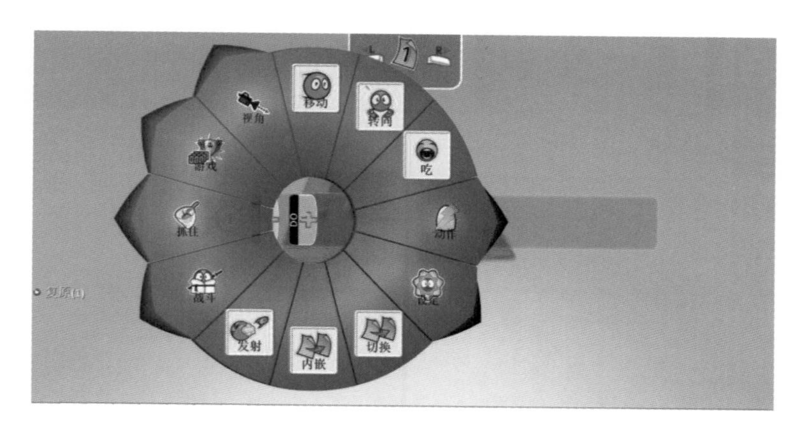

图2.3.3　单击DO选框“+”后出现的环形菜单

四、编程初体验

你已经利用地面刷工具搭建了一块平地,使用对象工具在上面添加了“小酷”,并让它作为游戏玩家能操控的角色。现在,必须思考的是在场景中需要小酷去执行哪些任务?

例如,通过键盘按键的控制,来让小酷行走,可以编写图2.3.4的程序语句(语句中按下箭号键就是触发小酷行走的条件)。

图2.3.4　按方向键让小酷加速行走的语句

试一试　**仔细观察图2.3.2,尝试使用键盘按键之外的方式来控制小酷行走。数一数,你能写出几条触发小酷行走的程序语句?**

从图2.3.3中可以发现：小酷的运动和行为方式也不只是局限在行走上，它还可以转身、吃东西、抓东西等。

试一试 **请按照下图，为小酷编写程序语句，观察运行结果，并填空。**

1 WHEN 鼠标 左 + DO 转向 左 +

- **观察到的现象：**______
- **可能存在的问题：**______
- **解决的方法：**______

理一理

在场景上添加不同的对象，测试并记录它们移动的属性。

测试记录表

对象名称	是否能够移动(是/否)	移动特性(速度，方向……)

单元项目活动 小酷吃金币

娜娜，你已经初步了解了KODU的能力，是不是想试一试呀？

是呀，真的学到好多东西呢，的确想马上试一试。

那你要好好策划一下，准备做一个怎样的游戏？给谁来玩这个游戏？又有哪些规则？

唔……我初来乍到，还没有什么成熟的想法，你有什么好的建议呢？

那你的处女作就用我来做主角吧，让我们一起做一个吃金币的游戏吧！

活动目标

为了进一步熟悉地面设计、对象添加、对象属性设置，体会WHEN...DO...语句对于KODU游戏的意义，本单元项目活动以小组为单位，通过讨论与上机实践相结合的形式开展，设计制作一个“小酷吃金币”游戏，然后分享给其他同学试玩，并根据同学的意见完善作品。

任务分析

1. 游戏情节和规则

“吃金币”是一款控制行为类小游戏。游戏场景中有一个小酷，玩家可以通过鼠标或者键盘上的按键，控制小酷的行走，找到散落的金币，并吃掉金币。

2. 游戏设计制作要求

要求1：设计制作场景（包括场景的范围、材质）。

要求2：添加对象小酷（1个）、金币（多个）。

要求3：需要编写程序语句是：①控制移动小酷；②触碰金币时，吃掉金币。

要求4：保存并导出游戏文件分享给其他小组试玩。

想一想

1. 游戏的终极目标是让小酷吃掉金币，在此过程中小酷要完成哪些动作？请把以下流程图补全：

2. 如果要添加多枚金币，除了逐一添加之外，还有什么更加便捷的方法？

活动实施

1. 设计方案

讨论游戏“小酷吃金币”的地面设计方案，确定所需要的对象及其数量。

记录单

绘制个性场景草图:

记录单

填写对象设置表:

对象名称	数量	个性化要求	备注

2. 属性设置

完成地面的制作、对象的添加及属性设置。

3. 语句编写

设计对象动作,完成WHEN...DO...语句的编写。

4. 学习记录

记录单

小组成员：			
小组分工：			
①场景设计		②场景制作	
③对象设计		④对象行为设计	
⑤程序编写		⑥程序调试	
⑦其他			
游戏制作过程中遇见的问题：			
解决的方案：			

测评完善

任何一个好玩的电子游戏都不是一蹴而就的。在设计与制作的过程中，需要不断地编辑、运行、修改，这一系列的步骤统称为调试。要成为一名优秀的电子游戏设计者，需要养成在游戏制作过程中及时地运行游戏，检测运行结果是否如你所愿。步步为营地对游戏进行调试，能够让你及时找到游戏的不足或错误，并加以改进与修正。

记录单

	很满意	有待改进	不满意
场景大小合适			
场景布局合理			
场景美观			
对象控制			
程序实现功能			
综合评价			
游戏改进建议	场景：		
	功能：		
	对象：		
	其他：		
游戏改进措施			
希望学习的知识与技能			

新知探究

游戏完成后，可按以下图示的步骤保存并导出游戏文件，这样你就能与小伙伴们分享自己制作的电子游戏了。

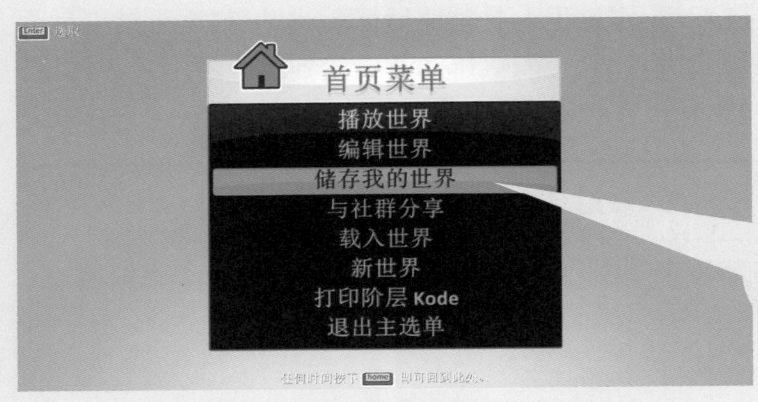

图2.4.1 “储存我的世界”命令

图2.4.2 “储存”按钮

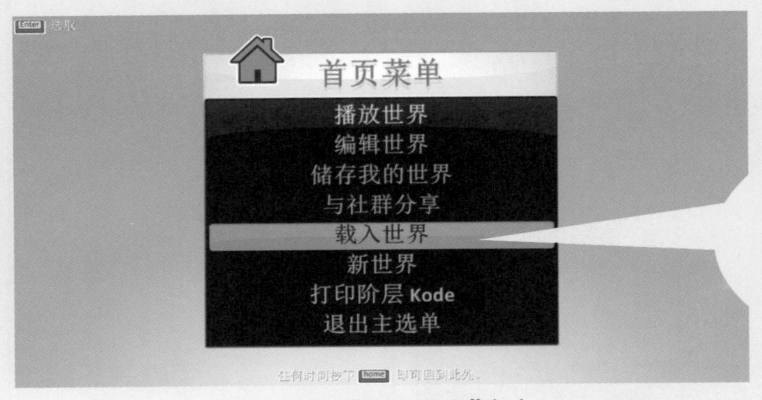

图2.4.3 “载入世界”命令

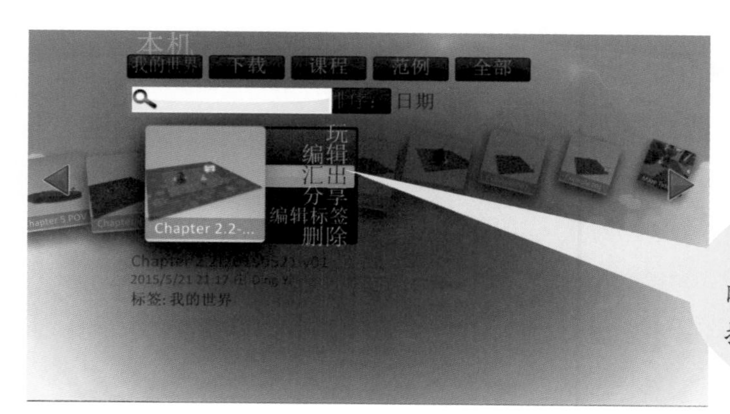

图2.4.4　“汇出”命令

游戏进阶

1. 若适当提升金币高度，使得小酷必须通过跳跃才能吃到金币，该如何编写程序语句？

2. 游戏中能否让金币来吃小酷？如果能，该怎样编写WHEN...DO...语句？如果不能，请说出原因。

3. 能否让两个小伙伴同时玩这个游戏呢？如果能，该怎样编写WHEN...DO...语句？

拓展阅读：计算机程序的表示方法

在日常生活中，人们做事情通常有一定的次序。例如考试时，我们都会经历读题、审题、思考、答题这一过程。计算机在处理信息时，同样也有既定的次序与步骤，它是根据预先用编程语言设计好的程序，来完成一组组的指令。

程序设计就是以寻求解决问题的方法为目标，将其实现步骤编写成计算机可执行程序的过程。这一过程无论是形成解题思路，还是编写程序，都是在实施某种算法。

或许你对算法这个名词仍感到陌生，下面就让我们揭开它的面纱：

算法是程序的核心，是程序设计的灵魂，算法的好坏，直接影响着程序的通用性和有效性，影响解决问题的效率。算法就是解决问题的方法与步骤，它有一个规范清晰的起始步，表示处理问题的起点，且每一步骤只能有一个确定的后继步骤，从而组成一个有限的步骤序列。当步骤终止时，即得到了问题的解答。如果一个算法有缺陷，或不适合于某个问题，执行这个算法将不能解决这个问题。

一个问题可能有多种算法，不同的算法会有不同的时间、空间或效率，这就需要运用聪明才智，通过分析、比较等科学方法，挑选出一种最优算法。

常用的算法描述方式有如下几种：

- 自然语言描述算法。主要通过文字或数学表达式来描述解决问题的过程。
- 伪代码描述算法。伪代码是介于自然语言与计算机程序语言之间的一种算法描述。相比计算机程序语言，伪代码的书写格式比较自由，没有严格的语法限制。
- 流程图描述算法。流程图是一种直观明了的，用图形来描述算法的方法。

如果，我们要设计出一个小酷自动吃金币的游戏，规定吃满5个金币后游戏自动结束，运用不同的算法描述，结果如下：

- 自然语言

1. 小酷漫游，设置计数器i的值，i=0
2. 判断计数器i的值是否小于5，i<5，小酷看到金币时走向金币，否则退出游戏
3. 当小酷碰到金币时，把金币吃掉，计数器i=i+1，返回第2步

- 伪代码

```
i=0
IF i<5
Then 找到金币,吃掉,i=i+1
Else if 退出游戏
```

- 流程图

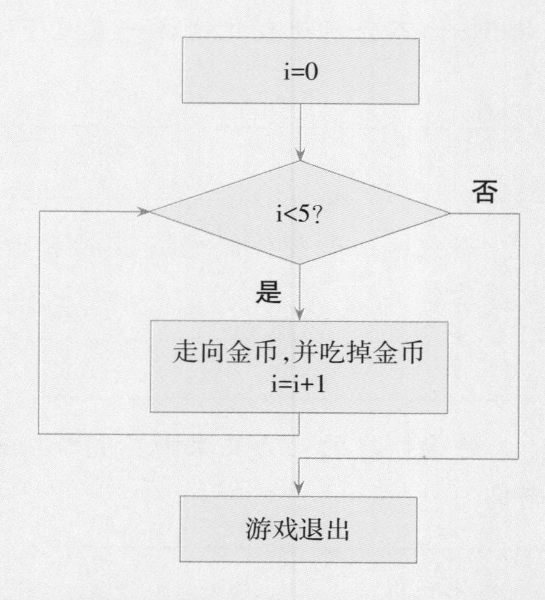

虽然上图并不是一张规范的流程图,但是图例可以帮助我们了解程序设计师的设计思想。

流程图中各种图形的用法都有严格的规定,▭ 称为起止框,任何一个完整的流程图,必须有唯一的开始框和唯一的结束框;▱ 称为输入/输出框,用于指出数据的输入或输出;◇ 称为判断框,用于指出分支情况,通常上方的顶点表示入口,其他顶点表示出口;▭ 称为处理框,用于指出要处理的内容,等等。

大家有兴趣的话,可以进一步学习、了解算法和流程图的相关知识,并把上图改画成规范的流程图。

第三单元　吃金币大作战

小酷，你好厉害呀，吃了这么多金币！

娜娜，你不会想让我就这样一直吃下去吧？

好吧……如果你能吃满20枚金币，我就算你赢！

好嘞！我的动力又来啦！啊呜啊呜……

第一节　游戏结束的规则

大家在上一单元完成了一个简单版的小酷吃金币游戏。但是，在你体验游戏时会发现，游戏中的小酷会没完没了地吃金币，根本停不下来。这时就得好好想一想了，该如何判定游戏获胜或失败？当满足什么条件时，游戏才会终结？

一、"火星探索"中的游戏结束

每个游戏在诞生之前，都需要游戏策划来编制游戏的情节、流程和规则，它包含了玩家要完成的任务，玩家如何达成这些目标，在完成任务的过程中会发生什么事件等。其中，不可或缺的就是游戏的胜利与失败的机制。在竞技类游戏中只有设置了胜负规则，游戏才能有终结，玩家才会有良好的游戏体验。

还记得第一单元的"火星探索"游戏(如图3.1.1所示)吗？它的结束规则是什么呢？

图3.1.1　火星探索游戏

不妨再次打开游戏重温一下：作为主角的火星漫游车，在不同的地形中探索，在有限的90秒中，通过开采岩石获得积分，玩家之间通过积分来比比谁更厉害。可以看到，这个游戏虽然没有设定胜负规则，但是它限定了游戏时间，一旦达到既定时间，则游戏结束。

一个没有结束的游戏，会是怎样？

一、“超级玛丽”中的游戏结束

风靡全球的游戏“超级玛丽”（如图3.1.2所示）与“火星探索”相比，它的结束规则要复杂许多。第一种，“超级玛丽”的每一关都有一个限定的时间，时间一到，如果马里奥没有到达终点，则游戏宣告失败。第二种，如果马里奥突破重重障碍，在规定的时间内到达目的地，则玩家获胜，本关游戏结束，且自动进入到下一关。第三种，如果马里奥在危机四伏的闯关路上，遭受食人花、乌龟等敌人发动的攻击，或坠入悬崖、岩浆等危险地带，他便会损失“生命”，当所有的“生命数”消耗殆尽时，任务失败，游戏也会宣告结束。

图3.1.2 超级玛丽

议一议

回顾你玩过的游戏，它们的胜负规则是什么？它们有哪些有趣的结束方式？大家互相交流一下。

游戏有各种各样的类型，如动作类游戏、冒险类游戏、养成类游戏、益智类游戏、角色扮演类游戏，等等。“火星探索”和“超级玛丽”都属于冒险类游戏。不同类型的游戏，它们的结束规则往往也有所不同。

理一理

回忆一下你知道或玩过的游戏，分析该游戏的结束方式，填写下表。

游戏名称	结束方式	详细规则
火星探索	时间	在90秒时间内开采岩石
	分值	
	生命值	
	关卡	

在“小酷吃金币”这个游戏中，你会增加哪些规则让游戏能够结束呢？

第二节 让游戏结束

人们常用来结束游戏的规则有：达到一定积分、超过时间限制、走入禁区等。在KODU编程中，这些规则都可以通过使用“END”语句来实现。

一、达到积分

玩电子游戏是一个人机互动的过程，当玩家完成了某项任务，游戏可以给玩家相应的反馈，如设置记分牌，每吃掉一枚金币获得1分(如图3.2.1所示)。分数可以衡量一个玩家的成就、操作技术。你有没有想过，为什么有些游戏玩了还想玩，其中的原因在哪里呢？玩家们为了获取高分，会不断重复地玩同一个游戏，这就是竞争的因素在起作用，积分提高了游戏的可玩度与生命期。有些游戏还设置了排行榜，让玩家们一较高下，更加凸显了积分的价值。

图3.2.1 小酷吃金币

试一试

设置游戏“小酷吃金币”达到积分结束游戏的规则：
规则1：小酷碰到一枚金币，获得______分。
规则2：当小酷获得_____分时，游戏胜利。

要想实现达到某一积分游戏获得胜利的规则，可以使用计分牌来实现积分累加，同时搭配游戏获胜条件的语句。

语句1：

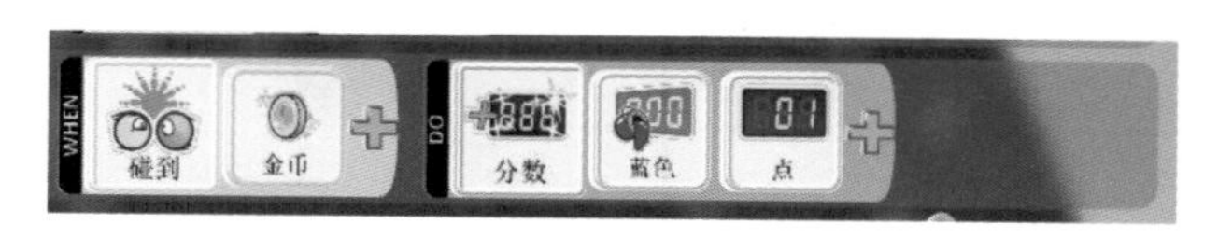

语句2：

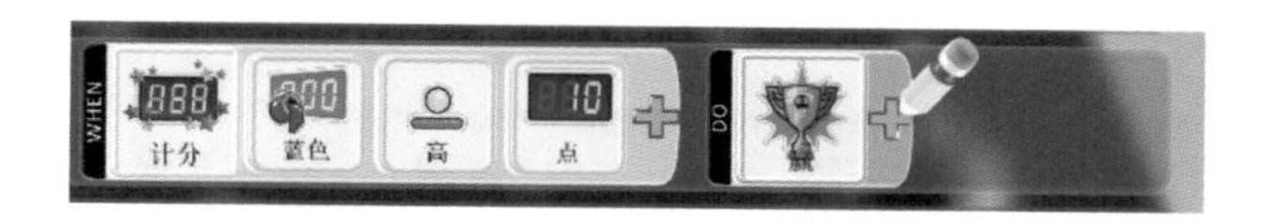

试一试　**请参考上图，尝试为“小酷吃金币”游戏编写程序语句，然后运行并查看结果，填写测试记录表。**

行为动作	看到的现象
移动小酷首次触碰金币	
移动小酷触碰金币(同一个)	
移动小酷触碰金币(非同一个)	

从现象来看，游戏的运行情况会与你原来设想的“小酷碰到一枚金币，获得1分”并不一致。

为什么会出现这种游戏运行情况与原来设想不一致的现象？如何修改程序语句，从而避免这一现象的发生？

实际上，只要增加一条规则和对应的语句，就可以解决该问题。

规则3：当小酷碰到一枚金币时，小酷吃掉金币。

语句3：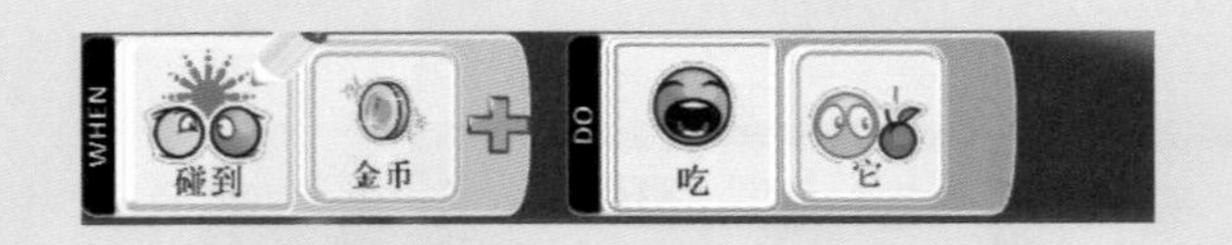

试一试 **尝试在语句1的最后，加上某个限制条件，让程序运行结果与设计不符的问题得以解决。**

二、限制时间

通过设置积分，使得游戏达到某个分数时就能赢得胜利，但你是否发现一个问题，由于场景中设置的金币总数相同，获胜条件也固定，每个玩家最终都能得到同样的积分，并取得胜利，而玩家之间却不能一较高下。实际上，这时只要用一个新的指标——时间，来作为游戏的结束方式，玩家就会感受到不同的体验。

在“小酷吃金币”的游戏中，你可以将游戏时间限制在30秒，让玩家在30秒内尽可能多地去吃掉金币，以获得更高的积分。游戏结束时，每个玩家的积分变得并不相同。这些积分上的差异，会给玩家间带来更强的竞争，也让游戏变得更有趣。

要实现“小酷在30秒内完成任务，时间一到，游戏结束”这一规则，在KODU中可使用“定时器”命令。其中，秒数可以根据需要叠加。

语句：

试一试 请参考上图，尝试为“小酷吃金币”游戏编写程序语句，然后运行并查看结果，填写测试记录表。

倒计时书写的对象	执行情况（成功、失败）

想一想

倒计时规则可以书写在哪些对象上？为什么？

试一试 学会了积分和时间限制，你可以搭配出其他的规则，让游戏变得更有趣。

组合规则	执行情况（成功、失败）
例如：小酷要在30秒内吃完金币，当吃到蓝色的金币时，时间增加1秒；当吃到黄色的金币时，时间减少1秒。	

三、走入禁区

在游戏中，为了增加挑战，还可以加入各类陷阱，这让一些急功近利的玩家叫苦不迭。这些陷阱，更考验玩家的判断力和操作力，也进一步提升了游戏的趣味性。

譬如，可以在小酷吃金币的游戏场景中埋设陷阱，限制活动的范围，一旦小酷涉足危险地带，游戏宣告结束（如图3.2.2所示）。

规则：小酷走入危险地带，游戏结束。

在地面绘制不同材质的区域，区分玩家的活动范围，在KODU中可以用“在陆地上”或“在水中”的命令来实现。

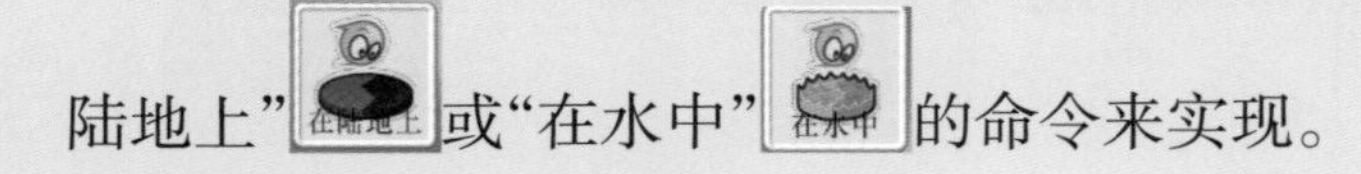

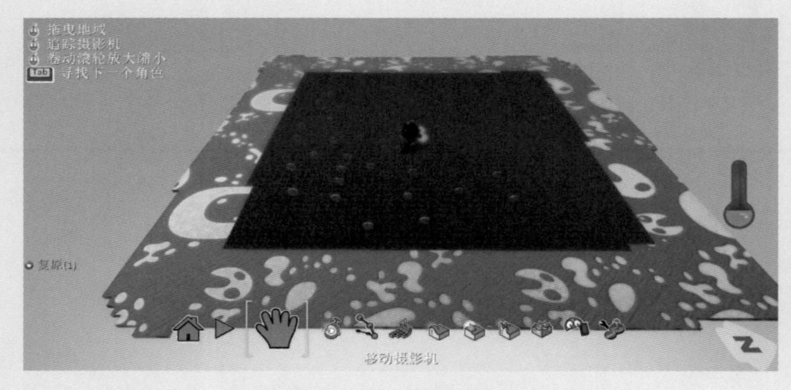

图3.2.2　危险地带

语句：

试一试　**请参考上图，尝试为“小酷吃金币”游戏编写程序语句，然后运行并查看结果。**

可以将特殊的地面或水域设定为危险地带，从而限制玩家的活动范围。反之，也可以将它们设定为对玩家有利的区域，如可以到该区域获得额外的游戏时间、补充生命值等。

单元项目活动　吃金币大作战

受你的启发，我想到了好多新的规则可以用在游戏里，我们赶紧去制作吧！

先别着急，游戏的制作可不是一步就能完成的，通常需要经历五个阶段。

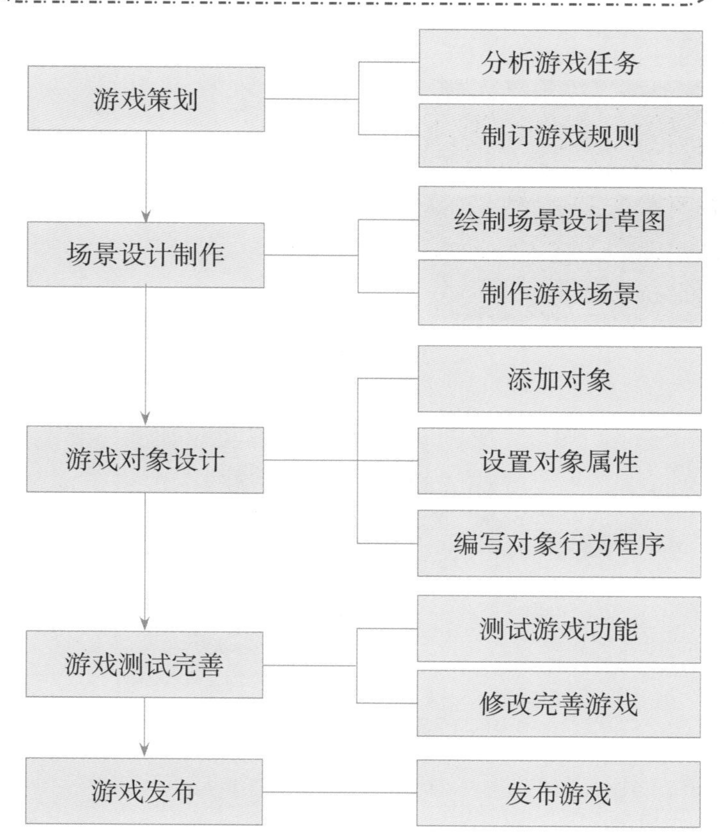

哇，原来一个游戏的诞生要经历如此繁琐而又精细的过程，嗯！我就按照这样的流程来制作游戏吧！

活动目标

现在，尝试将“小酷吃金币”升级为“吃金币大作战”吧！

要载入之前制作的游戏，可在菜单中选择“载入游戏”，在本机“我的世界”中，找到要加载的游戏，其中可以选择玩、编辑、汇出、分享、编辑标签、删除等操作（如图3.3.1所示），这里选择“编辑”。

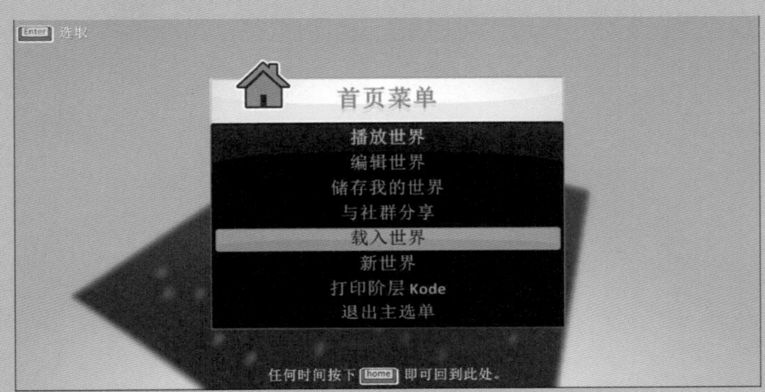

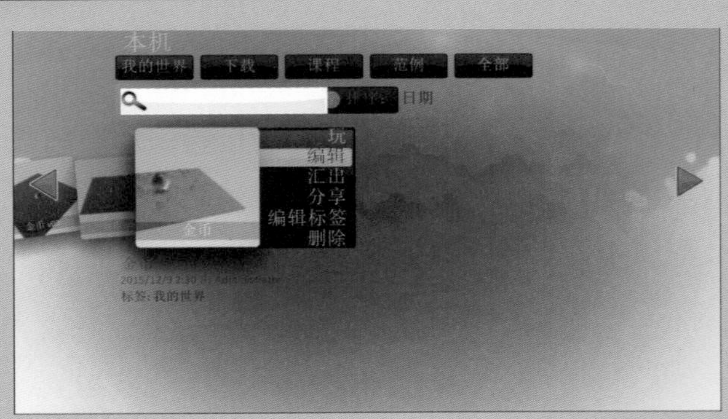

图3.3.1　载入游戏

“吃金币大作战”的游戏场景、游戏规则都有小小的提升，其中的要求包含：

（1）设置一个有边界的场景；

（2）计时又计分，不同颜色的金币，分值不同；

（3）小酷吃掉所有金币后显示“WIN”。

结合所学的各种游戏结束的方式，尝试搭配组合，创造出新的游戏规则，让游戏变得更加完整、好玩。

好玩的游戏通常所包含的一些特性：

- **容易上手**
- **吸引玩家参与**
- **拥有目标**
- **拥有规则**
- **拥有冲突**
- **是交互式的**
- **拥有挑战**
- **游戏能够创造自己内在价值**

任务分析

1. 游戏描述

制作游戏前需要对游戏进行策划，对游戏进行大致的描述，分析游戏的任务，设定游戏的规则，才能进一步设计与制作游戏。

这是一个关于________________的故事，场景中总共有____枚金币，主角小酷的目标是在____时间内，吃掉____枚金币，当吃到____颜色的金币时会得到____________的反馈，当吃到_____颜色的金币时会得到_____________________________的反馈，游戏中也包含一些陷阱，在吃金币的过程中要注意____。

2. 画出场景草图

根据游戏策划时设定的任务、规则，首先要绘制游戏场景草图，包括规划地面的大小与形状，确定游戏对象小酷、金币的数量与位置。在草图最下方也可对游戏中出现的角色以及如何赢得游戏进行一些描述。

记录单

绘制场景草图:

新知探究

1. 奖励与惩罚

为了增强游戏设计的趣味性,游戏中经常会设置一些奖励与惩罚的机制,有些游戏会在角色完成某个任务之后给予特定的奖励,如“超级玛丽”游戏中,当马里奥吃掉绿蘑菇或获得100个金币时,可以增加一条生命;当任务失败时,游戏会有惩罚机制,如减少金币,减少游戏时间等。

在吃金币大作战中，可以为不同颜色的金币赋予不同的分值，甚至可以设定一些减分金币。

请设计若干奖励与惩罚的措施，填写在下面的奖励、惩罚规则表中。

奖励规则表

奖励规则	奖励方法
例：吃掉红色金币	+5分

惩罚规则表

惩罚规则	惩罚方法
例：碰到黑色金币	-10分

2. 倒计时

为了让玩家对可用时间一目了然，并拟造出更强烈的游戏紧张感，可以设计一个倒数计时的效果。虽然在KODU中并没有直接可用的倒数计时器，但是可以结合计分和定时器的功能，来实现同样的效果。

分析如下学习记录表中的三个语句，尝试在表中填写它们的功能，并在KODU中运行检验。

学习记录表

语句	功能
① WHEN + DO 设定分数 红色d 20点 10点 一次 +	
② WHEN 定时器 1秒 + DO 减少 红色d 01点 +	
③ WHEN 计分 红色 相等 00点 + DO 结束	

试一试 语句1中的限制条件“一次”有什么作用？如果去掉“一次”，倒计时会发生什么变化？

游戏调试与修改

初次编制好的游戏，可能还存在一些错误和漏洞（在电脑系统或程序中，这些隐藏的缺陷或问题常常被称为BUG）。这就需要在调试阶段，通过测试去发现问题，究其缘由，并予以更正。有时候，比较游戏运行时所反映的功能与设计时预想的功能是否一致，会是一个找到问题的好方法。

游戏中事件	预设的结果	实际的结果	改进与提高
小酷吃金币			
小酷任务完成			
小酷任务失败			

游戏的可玩性是评价一个游戏好坏最基本的标准。如果想让自己的游戏变得更受欢迎，你或许可以关注游戏中的一些数据，诸如哪些金币被吃的概率最高？玩家完成任务平均花费多少时间？玩家的平均分是多少？除了自己测试以外，还可以寻找朋友来试玩。他们往往能够通过不同的视角，去审视你觉得已经非常熟悉和完美的游戏，找出所忽略的问题，并给予更多的建议和灵感。

游戏测评

	很满意	有待改进	不满意
场景大小合适			
场景布局合理			
场景美观			
对象控制			
程序实现功能			
综合评价			
游戏改进建议	场景：		
	功能：		
	对象：		
	其他：		
游戏改进措施			
希望学习的知识与技能			

游戏进阶

一个人玩会稍显寂寞，游戏中能不能添加竞争对手呢？可以是人机对抗，也可以是多个玩家一起游戏，前者是人与计算机互动，后者是人与人互动，两种方法都引入了竞争，让游戏更具挑战。

场景决定了角色的活动范围，如果小酷行走时，超越了地面的边缘会怎样？KODU场景中存在一个隐形的玻璃墙，它可以防止一些角色掉出场景的边缘。请你对玻璃墙进行探究，看看在海洋、天空、陆地这些不同的场景中，它们的边缘有何不同？当不同的对象超越场景的边缘时，结果又是否相同？

拓展阅读：程序设计方法

你可曾想过造一幢大楼要考虑哪些事情？大到总的楼层、大楼的建筑风格；小到各层的要求、具体细节；还有诸如绿化、电梯、建筑图纸等许多问题。其实，程序设计与造大楼有相似之处，也要面对大大小小的功能和需求。

程序设计方法一般有自顶向下和自底向上两种方式。

在建造大楼时，设计师可能会先考虑造多少层的高楼，然后将不同楼层分隔为商场、办公室和住宅；接着针对各楼层进行设计，例如住宅，可以分隔各个住宅单元，再为每个单元设计客厅、卧室、厨房、卫生间等。这就是自顶向下的设计方法。这种设计方法是设计者首先从整体上规划系统的功能和性能，然后对系统进行划分，分解为规模较小、功能较为简单的局部模块，并确立它们之间的相互关系。其优点是在一开始就能从总体上理解和把握整个系统，而后对于组成系统的各功能模块逐步求精，从而使整个程序保持良好的结构，提高软件开发的效率。

自顶向下的程序设计是一种从用户需求出发的设计。可以先将某一个任务分解成几个二级任务，如有必要再将二级任务继续分解，细化为三级任务。下图就是采用自顶向下方式进行设计的吃金币游戏。

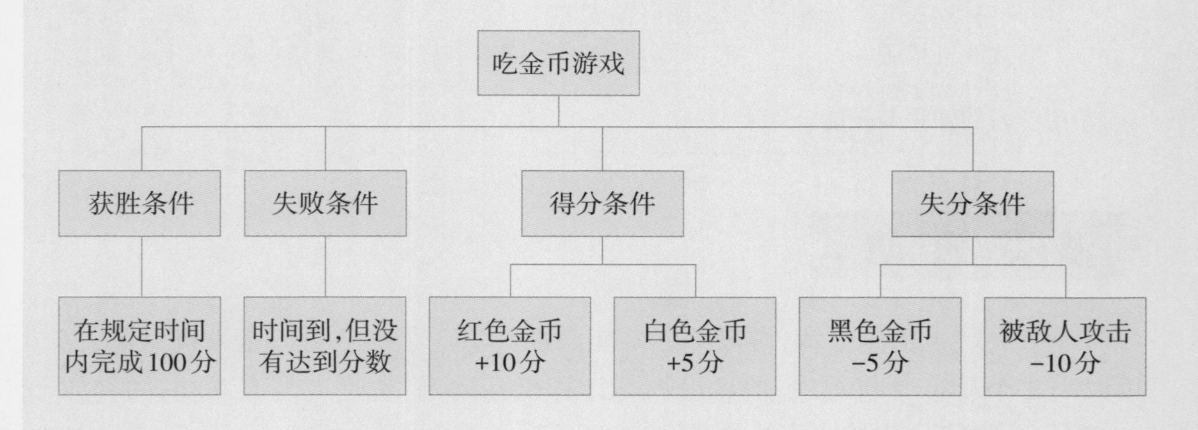

这样逐层、逐个地进行设计、编程和测试，就能设计出具有层次结构的程序。但要看到，按自顶向下的方法进行设计，对设计师有较高的要求，必须对所设计的系统要有一个全面的理解。

实际上，在大楼设计时，也不是简单地、机械地先从楼层再到每一个房间这样的顺序，要先考虑每一个房间的功能需求，然后拼接成一个住宅单元，否则的话，有可能会出现具体房间功能设计不能满足要求的情况，例如，空间太小，没办法安置厨卫设备。为了避免这种设计上的浪费，可以先编写出基础程序段，然后再拼接，逐步扩大规模、补充和升级某些功能，这就是自底向上的设计方法，实际上是一种自底向上构造程序的过程。

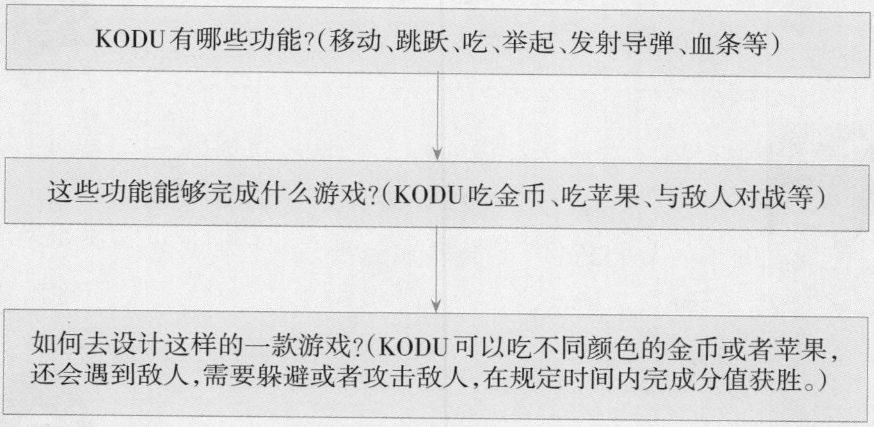

KODU有哪些功能？（移动、跳跃、吃、举起、发射导弹、血条等）

↓

这些功能能够完成什么游戏？（KODU吃金币、吃苹果、与敌人对战等）

↓

如何去设计这样的一款游戏？（KODU可以吃不同颜色的金币或者苹果，还会遇到敌人，需要躲避或者攻击敌人，在规定时间内完成分值获胜。）

自底向上设计方法是从具体的各个对象及其功能开始，凭借设计者熟练的技巧和丰富的经验，通过对程序进行相互连接、修改和扩大，构成所要求的游戏。由于设计是从最底层开始的，所以难以保证总体设计的最佳性，可能出现程序结构优化稍逊等问题。

在现代许多程序设计中，是混合使用自顶向下法和自底向上法的，因为混合应用可能会取得更好的设计效果。

第四单元　迷宫逃脱

小酷，这里是什么地方呀？

这里是我精心设计的迷宫，你有没有兴趣在里面走一圈呢？

太棒了！你快点教我吧！我也想造一个大大的、美美的花园迷宫，种上我最喜欢的花草树木。

没问题，就让我们开始吧！

第一节 游戏场景认识

电子游戏场景是否美观会直接影响到游戏者的体验。本单元，我们将一起学习并尝试搭建更为复杂的游戏场景，让你的游戏更有画面感、更吸引人。

一、游戏场景的元素

游戏场景就是游戏环境，是游戏角色活动的特定场地，是所有游戏对象的载体。山川、河流、道路、房屋、树木、沙滩，甚至一些花鸟虫鱼等都可以是场景中的元素。

议一议

观察以下两个游戏场景的截图，虽然它们不是用KODU开发的，但却同样有各自的游戏对象。请以小组为单位，讨论其中包含了哪些对象。

图4.1.1 泡泡堂游戏场景

图4.1.2 魔兽世界游戏场景

二、游戏场景的作用

游戏场景有两大作用:第一是直接为游戏目标服务的,如建造迷宫的地形、增加游戏难度的障碍物等;第二是为了增加游戏美观度所设计的,如路边的花草树木等。

我们可以设计不同空间的场景,如沙漠、绿洲、海洋世界,也可以设计不同时间的场景,如白昼、黑夜。不同的场景设计既可以营造出多种情绪和氛围,又可以表现出浪漫温馨或紧张恐怖等(如图4.1.3所示)。

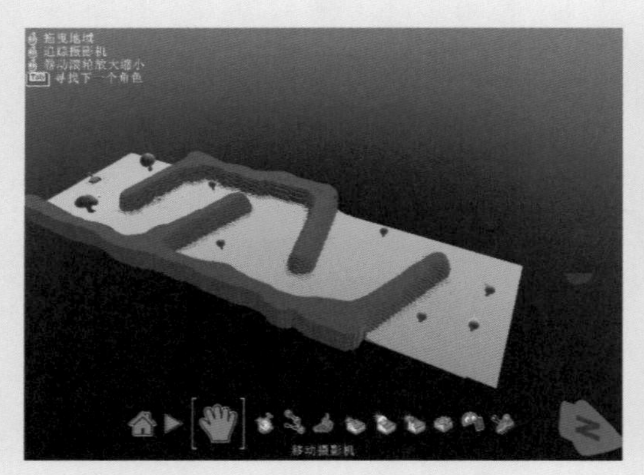

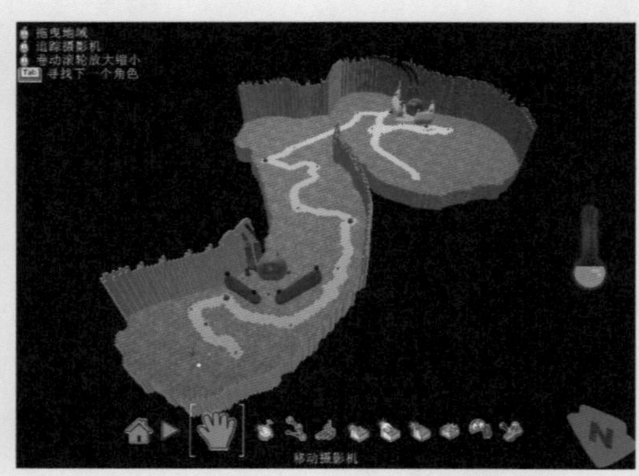

图4.1.3 不同的游戏场景

议一议

哪个游戏中的场景,曾给你留下了深刻的印象? 尝试把它描述出来。

三、游戏场景的设计

一般说来,游戏场景设计应该在游戏策划的基础上,通过整体构思、局部设计、修改完善三步骤进行。也就是说,要符合游戏策划的目标,先必须有一个整体的思路,然后再进行每个局部细节的设计,最后完成修改、检验及完善工作。

与此同时,场景不应该随意地搭建。我们可以在图纸上画出游戏场景的布局草图(如图4.1.4所示),再根据设计草图制作出游戏场景。要注意的是,有些游戏还不止一个场景呢!

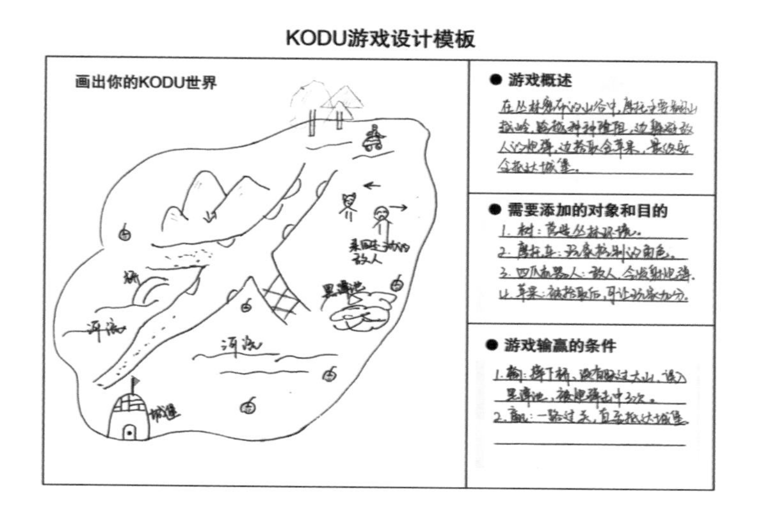

图4.1.4　场景设计图纸

一个好的场景应该满足多个条件,如切题、合理、美观、创新等。

在切题方面,需要考虑游戏场景是否突出了时代背景,是否呼应了游戏主题,有没有喧宾夺主等。

在合理性方面,需要考虑场景的大小与布局,确定场景中物件的大小比例,合理分配物件摆放的位置,确保设计的物件不会过于密集,从而掩盖游戏的角色。

在美观性方面,可以把地形、光线、色彩设计得丰富些、多变些,来增添画面的观赏性,不让玩家感到单调乏味(如图4.1.5所示)。

图4.1.5　丰富的游戏场景设计

议一议

比较以下两个场景，选出你更喜欢的那一个，并说明理由。

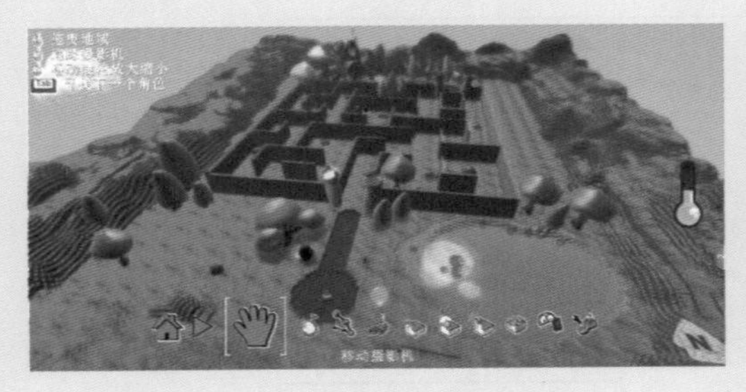

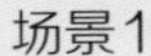

场景1

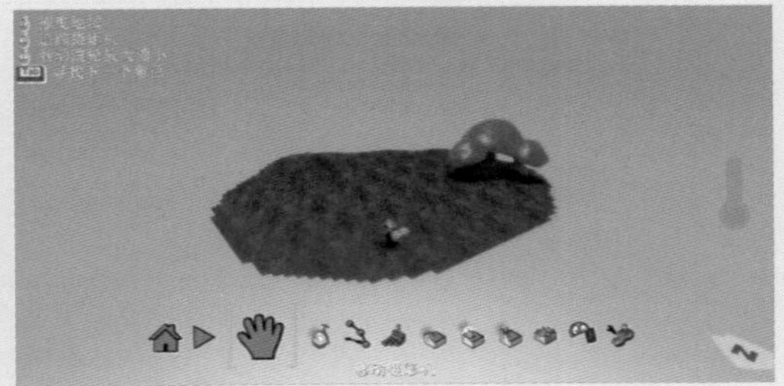

场景2

理一理

请在下表中写下你所认为的一个好场景应具备的条件或要素，并简要说明理由。

序号	条件、要素	说明
1		
2		
3		
4		
5		

第二节 KODU游戏场景制作

对于KODU场景的搭建，如果只会修改地面大小、颜色等一些基本属性是远远不够的。KODU可以搭建更为复杂的场景，无论是大海、陆地、天空，都能实现。

一、搭建山水

在场景的搭建中，有些工具可能会经常用到，利用它们可以在平地上制作出山丘或峡谷、水塘或江河，还可以创造出不同形状的陆地……

1. 上/下工具

使用“上/下工具”可以整体或局部提升、降低陆地的厚度，形成高低不一的山丘，在有一定厚度的陆地上，还能做出盆地的效果（如图4.2.1所示）。

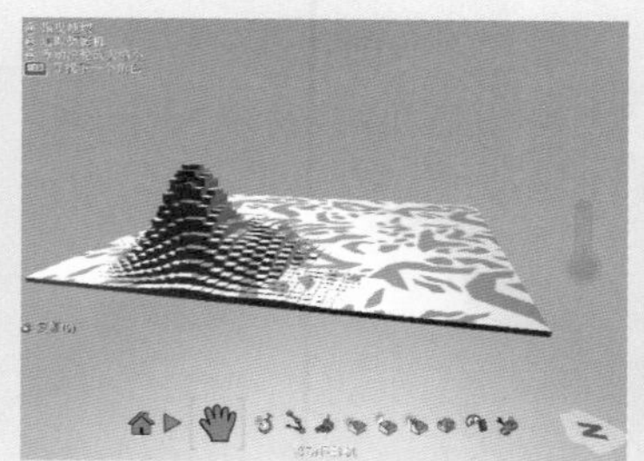

图4.2.1 平地、山丘、盆地效果示意图

单击“上/下工具”右上角的“类型选项”，可以打开刷子类型选择列表。

不同类型的刷子可以用来制作出不同的地面效果，提升地面的不同边缘坡度。硬刷的边缘坡度比较陡峭，软刷的边缘坡度比较平滑，毛刷的边缘坡度是最平滑的。斑驳刷使地面会随机出现高低效果，魔术刷可以整体提升/降低陆地的厚度（如图4.2.2所示）。

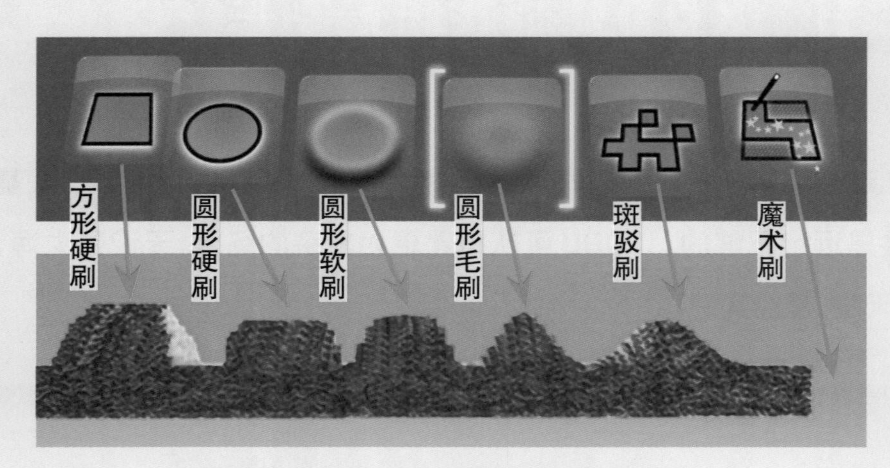

图4.2.2　不同类型的刷子制作出的效果

试一试 尝试利用各种刷子在地面上制作不同地形地貌。

用较大尺寸刷子可以快速、大面积地改变地形地貌。

2. 平滑工具 

在用"上/下工具"制作出地形地貌的基础上，用"平滑工具"可以使画面中的山丘、坡道效果更加平滑、自然（如图4.2.3所示）。

图4.2.3　利用平滑工具制作的缓坡

3. 粗糙工具

在用“上/下工具”制作出地形地貌的基础上，用“粗糙工具”可以使画面中的山丘、坡道效果更加险峻、陡峭。

在使用制作地形的工具时，千万不要被这些工具的名称所局限。如利用“粗糙工具”，不仅可以制作山丘，还能制作出城市高楼林立的效果(如图4.2.4所示)。聪明的你一定会有更多的想法来创造自己的世界。

图4.2.4　利用粗糙工具制作的高楼

4. 水工具

使用“水工具”可以提高、降低水平面(如图4.2.5所示)，创造一个水世界，而且有多种颜色的水可供选择。在盆地、山谷中增加水可以制作出湖泊、河流，甚至可以创造出所有的地面都在水下的奇观哦(如图4.2.6所示)。

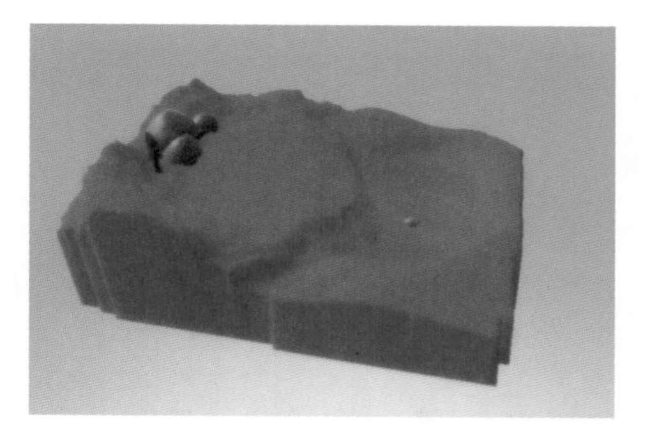

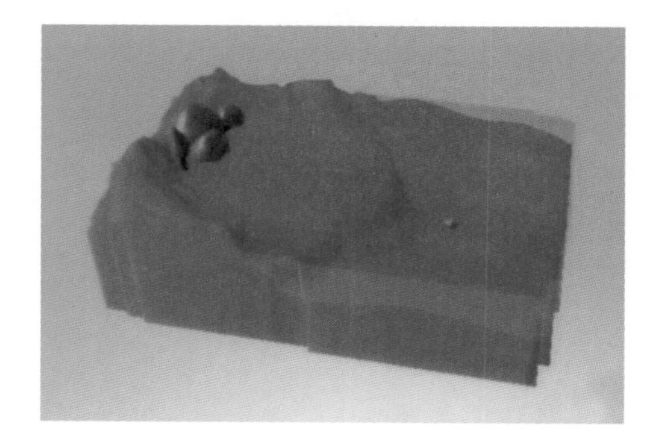

图4.2.5　利用水工具提高、降低水平面

图4.2.6 利用水工具制作出地面都在水下的奇观

二、搭建道路、桥梁

小酷在湖的一边，想去对岸的城堡，湖水阻隔了他前进的道路，他来寻求帮助，这时你可以利用“路径工具”帮他铺出一条小路或者搭建一座桥梁。

1. 添加道路

选中“路径工具”，在草地上右击，快捷菜单列出了四种可选路径类型（如图4.2.7所示），请选择第三种，新增道路。通过在地面上依次单击，就可以绘制出一条道路。你可以通过右击路径节点，变更高度及类型，或是把鼠标停留在节点上，修改其颜色，来创造出极具个性的道路。

1. 选择“新增道路”。

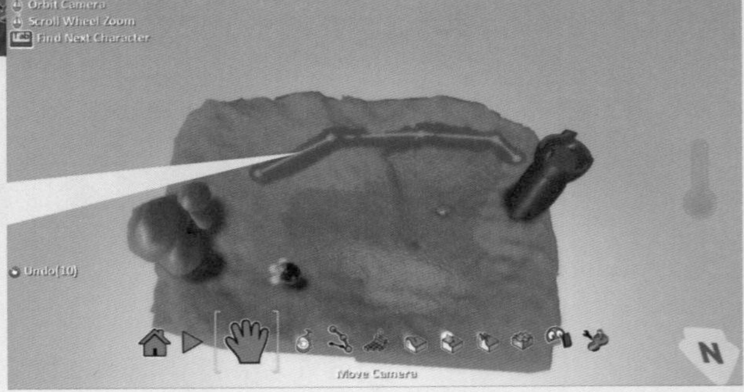

2. 出现了白色的小球，这就是路径的节点，依次确定节点的位置后，一条道路就绘制完成了。

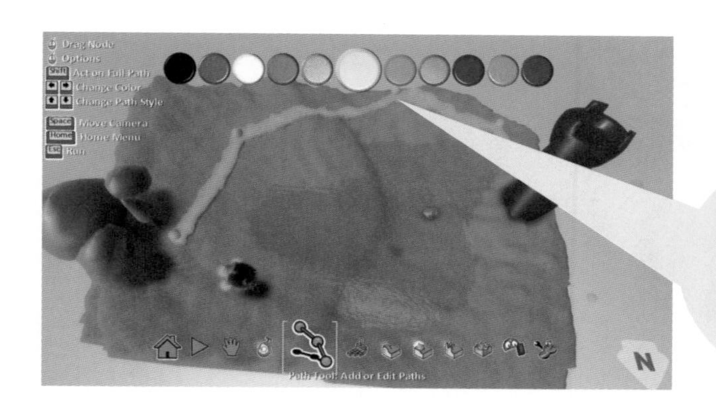

3. 在选中路径工具的前提下，鼠标悬浮在白色小球上，可以用左右键更改颜色，还能用上下键来更改路径的类型。

图 4.2.7　利用路径工具制作道路

2. 添加桥梁

如果道路蜿蜒曲折，小酷在行程上须花费太多时间，能不能直接搭建一座跨越湖泊的桥梁，让小酷快速到达城堡呢？没问题，“路径工具”同样可以帮你解决（如图 4.2.8 所示）。

1. 在选中路径工具的情况下，单击鼠标右键，选择“新增平坦路径”，然后绘制一条穿越湖泊的路径，路径必须由3个及3个以上节点构成。

2. 右击中部的节点，选择“变更高度”命令，增加其数值。

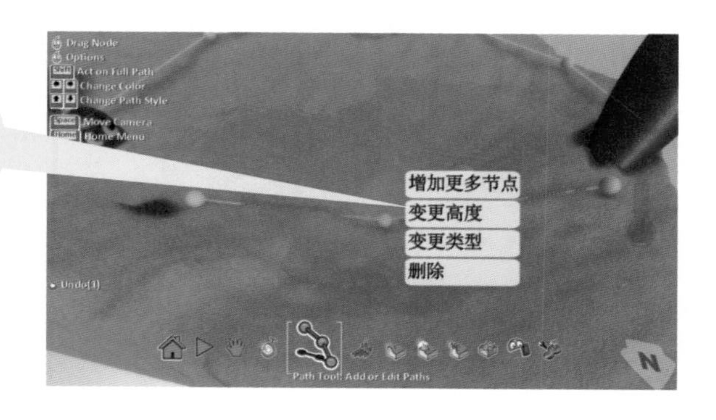

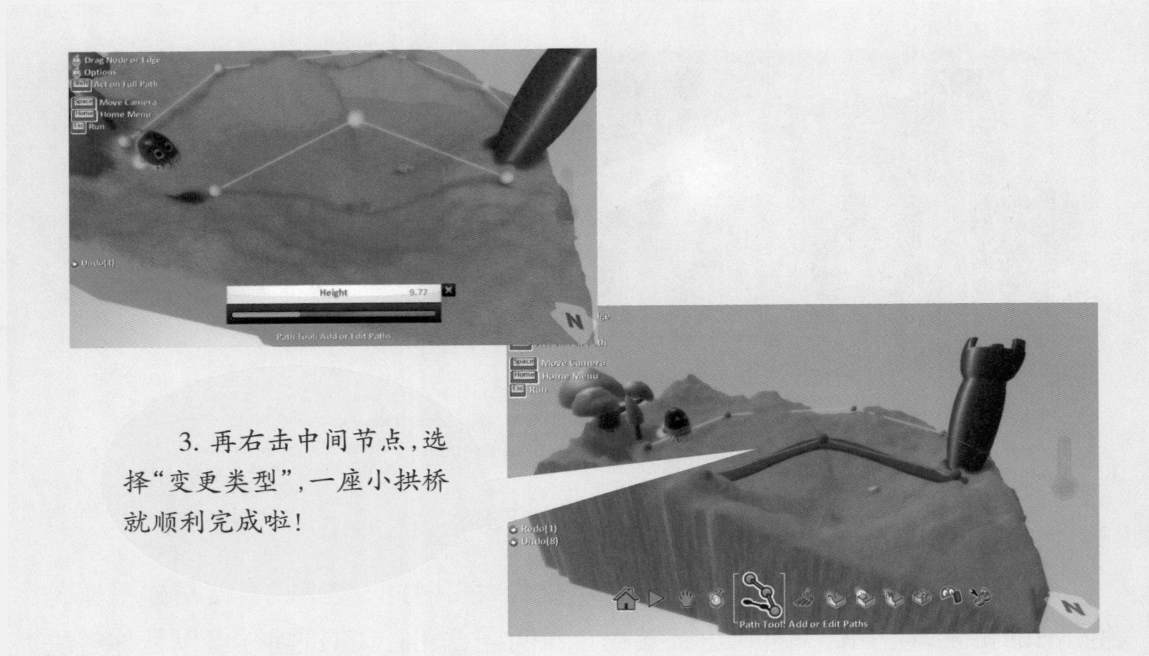

图4.2.8 用路径工具制作桥梁

想一想

桥梁的路径能不能仅用2个节点来绘制?

试一试

路径工具有四种类型,本书中只介绍了平坦路径和道路两种类型,还有墙和花朵的功能需要你动手去探索,请发挥自己的奇思妙想,搭建出一个别具一格的造型。

单元项目活动　迷宫逃脱

娜娜，我教的你都学会了吗？

当然，我那么冰雪聪明。

那就赶紧行动起来，搭建你所期盼的花园迷宫场景吧！

可是你说过，游戏场景是由游戏主题决定的，我还没想好我的主题呢！

你说得太对了，开动你的脑筋，想一个有趣的游戏主题吧！

要不就设计一个小海龟迷宫大脱逃的游戏怎么样？

酷！这一定会是一款受欢迎的游戏，我们一起努力，让小海龟逃脱的道路充满挑战吧！

活动目标

小海龟迷失在一片美丽而又神秘的花园中，它要在规定的时间内走出这个花园。一路上会有障碍物阻挡前进；岩浆地带绝对不能涉足，否则不小心掉进去，游戏就结束了；路上还有许多宝箱，拾取宝箱会收获额外的奖励。

根据以上的文字描述，发挥你的聪明才智，制定出迷宫逃脱的游戏规则，绘制草图、搭建场景、添加对象，最终完成该游戏的制作。

任务分析

1. 编写游戏情节、规则

你还记得游戏设计的第一个环节吗？制作游戏前必须对游戏进行策划，确定了游戏的情节和规则，才能进一步设计与制作游戏。

游戏策划：

这是一个关于__________的故事，在过程中小海龟遇到了各种挑战，包括①____________________ ②____________________ ③____________________ ④____________________ 也收获了些额外的奖励，包括____________________，最终在____________时间内，小海龟____________________。

2. 画出场景草图

根据游戏策划的故事情节，你可以开始绘制游戏场景草图，规划地形的大小与形状、确定物件的位置与比例、设计环境的光线与色彩。在草图最下方，你也可以对游戏中出现的角色以及如何赢得游戏进行一些描述。

记录单

绘制草图:

列出新世界中出现的角色和作用:

____

____

____

____

____

描述玩家如何赢得积分,在游戏中如何取胜:

____

____

____

____

3. 与现实的对照

在策划游戏时,你的创意可以是天马行空的,但是这些创意能否完全在游戏中实现呢? 可能有些功能在KODU中还未开发出来,在具体创建游戏世界时,你需要进行一些调整。

KODU中的可行性分析单

创意设想	是否可行	
	可行:KODU中用到的工具	不可行:替换方案及工具
迷宫花园的设计		
进入岩浆地带,游戏结束		
宝物的奖励措施		
游戏时间的限制		

新知探究

进行可行性分析后,你会发现,目前所学习的知识不能完全满足游戏开发的需要,那就根据任务需求进一步学习吧!

1. 搭建花园迷宫

迷宫可以用墙或石块堆砌而成,使用刚刚学过的路径工具,可以直接作出墙的效果,那么还有其他方式制作迷宫吗?

利用不同的地面材质,可以轻松制作出迷宫的场景(如图4.3.1所示)。

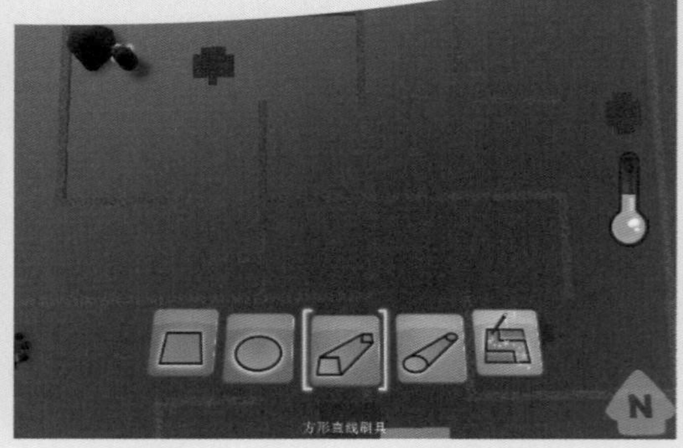

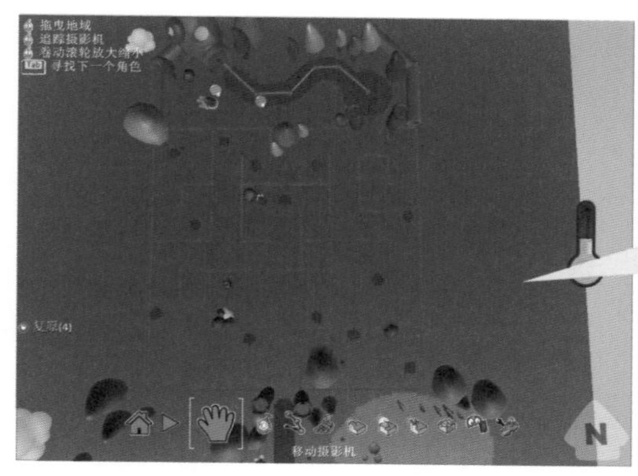

2. 在草地上根据图纸绘制迷宫的通道，还可以标记出摆放树木的位置，便于之后的搭建。

3. 使用上/下工具中的魔术刷，选中迷宫通道平面来提升它的高度，注意通道之间的高度应保持一致。

图4.3.1　制作迷宫

2. 语句编写：触发“在水中”

“当小海龟进入岩浆地带，游戏结束”这个创想怎么实现呢？你可以利用“上/下工具”和“水工具”绘制一个岩浆地带（如图4.3.2所示），并对小海龟进行编程——编写触发“在水中”的语句（如图4.3.3所示）。

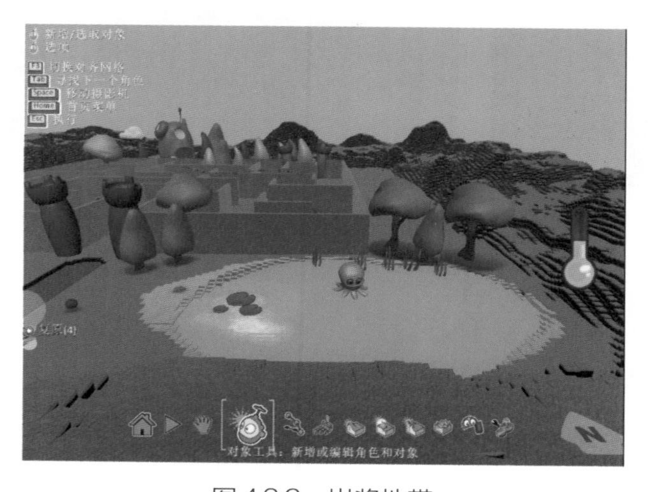

图4.3.2　岩浆地带

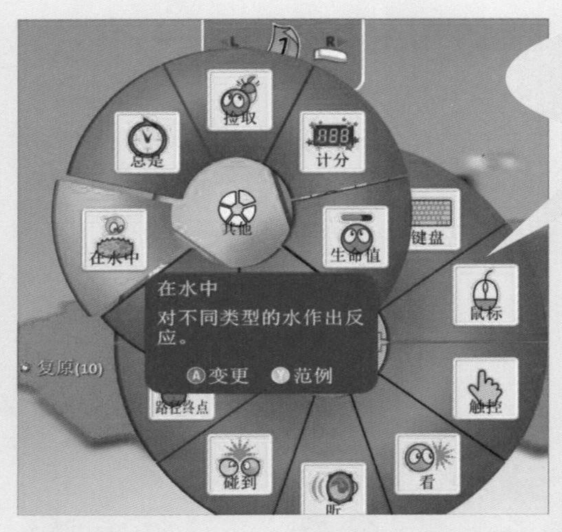

“在水中”和“在陆地上”都是让对象接触特定的环境，作出相应的反应。

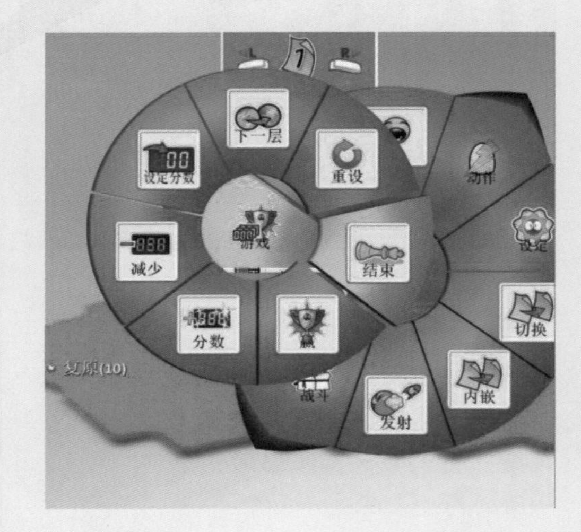

图4.3.3　触发“在水中”

3. 游戏视角

游戏视角就是玩家在游戏中所看到的游戏画面及角度，不同的视角可以看到不同的游戏画面，常用的游戏视角有第一人称视角、第三人称视角、顶视角等（如图4.3.4所示）。

第一人称视角

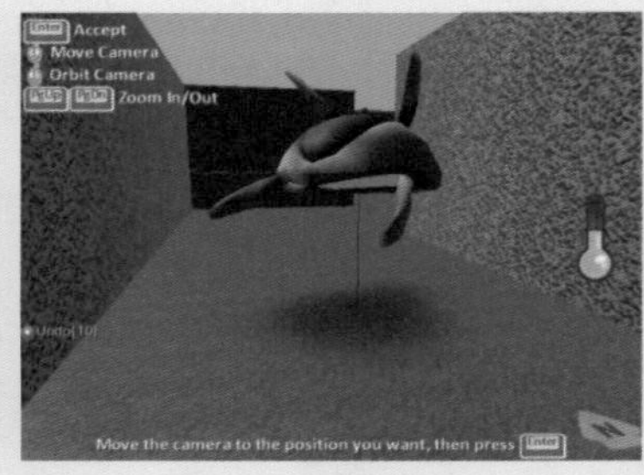

第三人称视角

顶视角

图4.3.4　三种常用视角

KODU为我们提供了三种视角模式，称为摄影机模式，分别是固定位置、固定偏移和自由（如图4.3.5所示）。

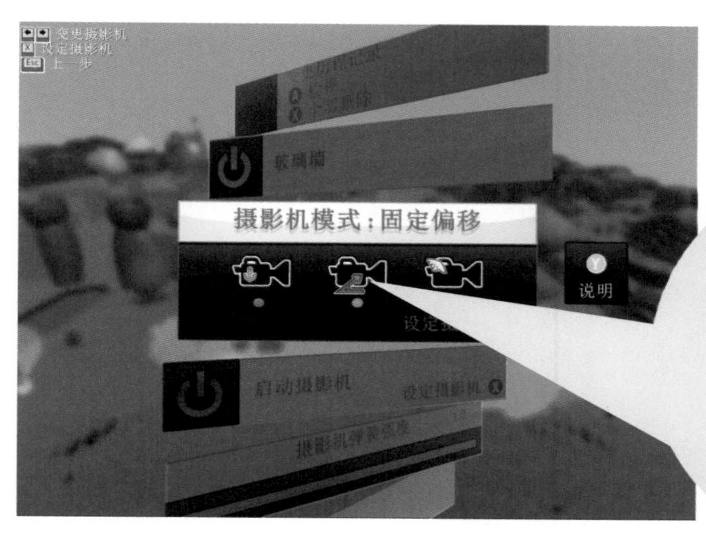

1. 在游戏编辑界面中，单击“变更世界设定”工具。
2. 在出现的螺旋菜单中选择摄影机模式。
3. 选择所需的视角，然后回车确定。

图4.3.5　KODU摄影机模式

试一试　请在三种摄影机模式下体验游戏，并简单说说它们的区别。

KODU还允许通过编程的方式，在游戏中切换视角。

场景与动作设计

图4.3.6为迷宫脱逃的游戏设计效果图，具体的设计步骤如下：①场景设计：建立、扩大场景；②场景设计：改变地形地貌；③场景设计：设计道路、水池等；④角色设计：添加小海龟；⑤对象设计：添加一些其他对象（树木、矿石、箱子等）；⑥对象设计：添加一些障碍物；⑦动作设计：触发动作。

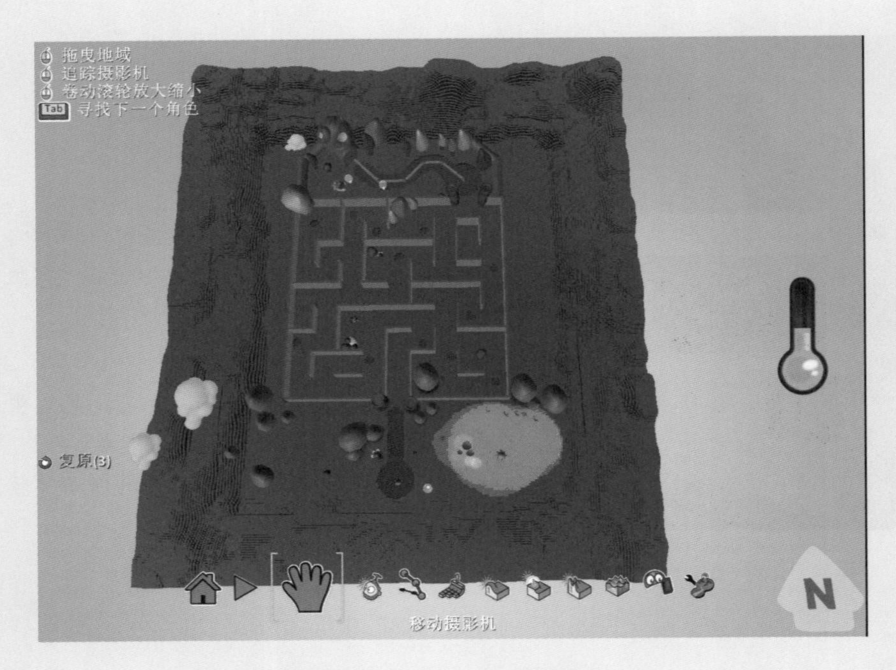

图4.3.6 “迷宫脱逃”效果图

游戏调试与修改

运行、测试作品，并填写下表。

预设的结果	实际的结果	改进与提高

测试时应注意以下几个方面：

（1）小海龟是否能根据程序设置的操控方式运动？

（2）是否每一个障碍物都能达到设计要求？

（3）是否设置了游戏的限制时间？时长是否合理？

游戏进阶

游戏中我们还可以增加宝物与暗雷，增加积分功能等。

开动脑筋，发挥想象，找到更多使游戏场景变得丰富、有趣的方法吧！

拓展阅读：对象的概念

对象是指人们要进行研究的事物，既可以是一个具体的事物，也可以是一个抽象的事物，或者是想象中的虚拟事件等，简而言之，万物皆可成为对象，如某辆汽车、某个人、某间房子、某棵植物、某个规则、某项计划、某个梦想等。人们常常把具有相同特征的事物称之为类，类是对象的模板，对象是类的实例化。在KODU中有诸如小酷、独轮车、热气球、潜水艇、树木花草等多种对象。程序设计中，经常需要使用对象，最重要的原因，就是它会为编程带来方便，例如，当一个场景中有多个小酷时，使用对象的概念，可以将自己的想法告诉电脑，从而将这些小酷们加以改变，使得任何一个小酷都具有自己的个性特征及行为动作。

抽象地说，对象有如下两个特点：

首先，每个对象都有自己的状态，其状态是通过若干个属性来描述的，也就是说，属性反映了对象的最主要和最核心的内容，通过这些属性描述，可以明确知道是什么对象，可以区分不同的对象。例如，在KODU中，小酷的属性有颜色、方向、大小、高度等，通过这些属性，可以设置不同的小酷。当然，对象的属性数量是有限的，一些相对不重要的内容，不会作为属性来规定，否则的话，系统会变得异常地复杂。以KODU中小酷为例，因为编制KODU游戏时不考虑发生碰撞时的小酷表面是否发生变化，所以也不规定反映小酷这个对象的硬度、表面光洁度等属性了。

其次，每个对象都有自己的行为，这些行为是通过编制程序来实现的。例如，在常用的PointPower演示文稿软件中，我们可以插入用于翻页的动作按钮◀和▶，实现向前或向后翻页功能。按钮也是对象，使用时，调整按钮的尺寸大小，是在设置按钮对象的属性；而对象的行为就是规定在鼠标点击时，执行演示文稿的对应翻页操作。因为对象是预先被规定了行为，所以在系统运行以后，各个对象可以自动地完成规定的行为动作。在KODU中，通过编程语句编写可以让某个小酷获得加速跑动、发射火箭、抓取物品等特殊能力，甚至能让它在指定路线上巡逻、发现目标后自动攻击等。

说到对象，不得不提及面向对象的程序设计，它是一种对现实世界理解和抽象的方法，将构成问题的事物分解成多个对象，将这些对象视为程序的基本单位，并用来描述整个解决问题步骤中的行为。因此，在使用面向对象程序设计的方法编制程序时，设置对象的属性和编写对象行为的程序，都是很重要的工作。

面向对象的程序设计让人们更容易地去学习、分析、理解、设计，具有灵活性和可维护性等特点，因此在许多大型项目设计中被广泛应用。如果感兴趣，你可以进一步了解和学习更多关于面向对象系统分析和面向对象设计方面的知识。

第五单元　极品飞车

小酷，你又在忙什么呢？

我正在开发一款赛车游戏，名字我已经想好了，就叫“极品飞车”。

哇！我只玩过赛车游戏，没想到在KODU里还能开发属于自己的赛车游戏。有什么我能帮上忙的吗？

请跟我来，让我们一起完成它吧！

第一节　游戏中的对抗

游戏的趣味性很大一部分来自于竞技、竞争和对抗。本单元要用KODU开发一款赛车游戏，并在游戏中引入对抗，将真实世界中的赛车竞技通过游戏来模拟。玩家可以使用鼠标、键盘甚至XBox游戏手柄来操控赛车，获得不同的驾驶体验，并感受驰骋赛道、竞速挑战的乐趣。

在之前的游戏设计学习中，无论是“吃金币大作战”还是“迷宫逃脱”，都只有一个可操控的游戏角色，这一类游戏称为“单人游戏”。在单人游戏中，你可以通过设计更复杂的游戏场景、为对象增加更有趣的“能力”、设定更具创意的游戏规则等方法，来提高游戏的可玩性。还可以根据游戏测试中的数据，调节游戏的难度，以此挑战玩家的极限，激发他们参与的热情。除此之外，还有一种提高游戏趣味性的常见方法，那就是在游戏中引入人机对抗，让玩家在游戏中与电脑和它背后的程序竞技。

想一想

如果在“吃金币大作战”中，增加一个由电脑控制的角色，和玩家进行对抗，规定先获得指定分值的视为获胜方，那么对这个电脑控制的角色该如何进行编程？这样修改以后，游戏会产生怎样的变化？

议一议

人机对抗的历史很久远，最为人熟知的便是“深蓝”超级国际象棋电脑，它重1270千克，有32个“大脑”（微处理器），每秒可以计算2亿步。“深蓝”被输入了一百多年来优秀棋手的两百多万局对弈棋谱。1997年5月11日，“深蓝”在正常时限的比赛中首次击败了等级分排名世界第一的棋手，当天被视为人机对抗历史上标志性的一天。

2016年3月9日，李世石与谷歌开发的人工智能围棋机器人AlphaGo开始为期1周的人机大战，受到了全世界的瞩目，最终AlphaGo以4:1的成绩胜出。

请与你的伙伴一起交流和分享，你们有过哪些人机对抗的经历？并思考和讨论，为什么人工智能在有些领域仍然无法战胜人类？

一、人机对抗中的平衡性

游戏中的人机对抗可以激发玩家分析和解决问题的潜能，促使玩家不断寻找获胜的途径和方法。但是如果“人类”的能力大大超过“机器”的能力，通关太过容易，就会让玩家觉得没有难度，很快失去兴趣。反之，如果“人类”需要对抗的“机器”太过强大，玩家也可能因为不断受挫而放弃该款游戏。作为一名游戏开发者，应当在设计制作此类游戏的过程中，时刻关注人机对抗的平衡性，使得“人类”与“机器”的对抗设置更合理、更公平。

想一想

如果要你开发一款人机对抗的赛车类游戏，你会怎样实现游戏中“人类”与“机器”的平衡？

二、双人与多人对抗

电子游戏中的对抗除了人机对抗外，还会有玩家之间的竞争。一般情况下，两名玩家一起玩的游戏，称为双人游戏，三名及三名以上玩家共同参与的游戏，称为多人游戏。在一些双人游戏中，两名玩家可以通过控制键盘上的不同按键；或是一人使用键盘、一人使用鼠标；甚至根据一些回合制游戏的设定，交替使用键盘来操控游戏角色。可供玩家选择的游戏角色越多，对于游戏设计的要求就越高，尤其在平衡各游戏角色之间的能力强弱方面的难度就越大。

目前，KODU可以同时支持4个XBox游戏手柄，这将为KODU多人游戏的设计与应用创造条件。

第二节 设置赛道与对手

如果你想设计一个能和小伙伴一起来玩的KODU游戏，就需要在游戏场景中设置两个或两个以上可操控的游戏角色。

一、视角

KODU为人们创设了一个3D的游戏开发环境，在3D游戏中，“视角”是游戏开发者所要考虑的一个非常重要的元素，它指的是玩家的视觉观察点在游戏场景中的位置，这会直接影响玩家的操作与感受。在一些规模较大或较复杂的电子游戏中，视角的作用更不容忽视。常见的视角有：顶视角、第一人称视角、第三人称视角等。

1. 顶视角

顶视角是玩家的视点在游戏场景中的正上方，且视线的方向向下的一种视角方式（如图5.2.1所示）。在电子游戏发展之初，顶视角的应用非常广泛，它让玩家拥有高空俯瞰的能力，能够看清游戏画面中的每一个对象、每一处障碍，甚至是场景中的任何一个角落。

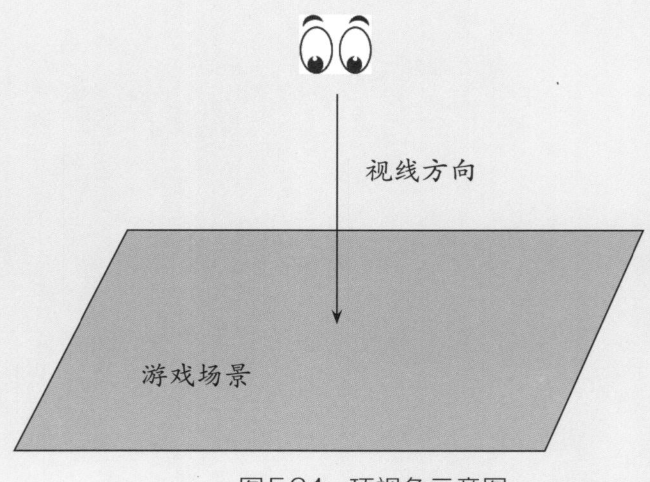

图5.2.1 顶视角示意图

顶视角的优点在于登高览全局，让人对游戏有一个整体的感受。无论是游戏开发者的设计工作，还是游戏场景的搭建，或是玩家游戏时的操纵，都会比较容易。顶视角的缺点是立体感不够，使得有些场景中物体的真实状态很难被表现出来。例如，两棵相隔一定距离的树，一棵较高，一棵较矮，利用顶视角来观察（如图 5.2.2 所示），是无法区分哪棵树高，哪棵树矮的。选择工具栏中的“移动镜头工具”图标，按住鼠标右键并移动，就可以调整视角来观察该场景，从而了解这两棵树的间距、高度等更多信息（如图 5.2.3 所示）。

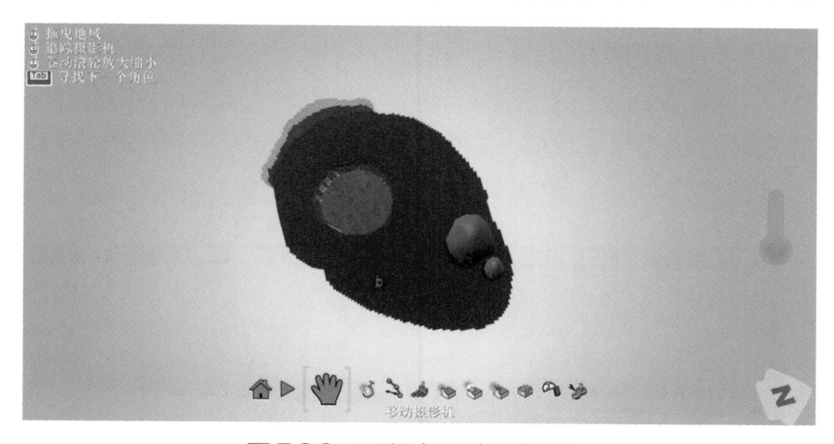

图 5.2.2　顶视角观察两棵树

图 5.2.3　调整视角观察两棵树

2. 第一人称视角

第一人称视角指玩家的视点与游戏场景中游戏角色的视点相同的一种视角方式。在玩游戏“迷宫逃脱”时，最佳的游戏视角是与小海龟的视点保持一致。

第一人称视角在很大程度上模拟了人的自然视觉感受，配合第一人称游戏常用的3D画面，进一步烘托了游戏的表现力。该视角能够让玩家选择一些不同的角度来观察场景中的同一对象，甚至调节视线的远近来追踪一些细节问题，使玩家获得身临其境的游戏体验。

在第一人称视角的游戏中，玩家使用键盘、鼠标或是XBox游戏手柄来控制角色移动、调整角色的面对方向时，游戏的画面也会随之即时产生变化，使玩家获得同步性绝佳的操作感。如图5.2.4所示的就是第一人称视角的赛车游戏画面。

虽然第一人称视角有许多优点，但也不可避免地存在一些缺点。由于受到显示器大小、精度等方面的局限，电脑的显示视角与人眼的视野范围相比仍有差距，玩家难以掌握游戏角色两侧场景中的情况，也无法看清场景中较远的对象，在了解较远对象的状态和位置等方面存在困难。对于一些方向感欠佳的玩家来说，玩第一人称视角游戏时，很容易在场景中迷失，甚至感到头晕目眩。

图5.2.4 第一人称视角赛车游戏画面

3. 第三人称视角

第三人称视角通常是指玩家的视点在其所控制的游戏角色身后的一定高度，或者在游戏角色的侧面，以旁观者的视角观察游戏场景的一种视角方式。在游戏中应用第三人称视角，不仅能让玩家看到所控制的角色，而且还能看到角色周围一定范围内的环境和其他对象，使得玩家可以尽早对角色的操控进行安排和预判。

要区分第一人称视角与第三人称视角并不难。当玩家能看到被控制的那个角色视线所不及的游戏对象及周围场景时,比如能看到该角色身后的物件,那表明这时游戏采用的一定不是第一人称视角。通常在第三人称视角中,玩家不仅能看到控制对象前方的情况,还能看到控制对象本身,及其身后一定的区域范围和该区域中的苹果(如图 5.2.5 所示)。

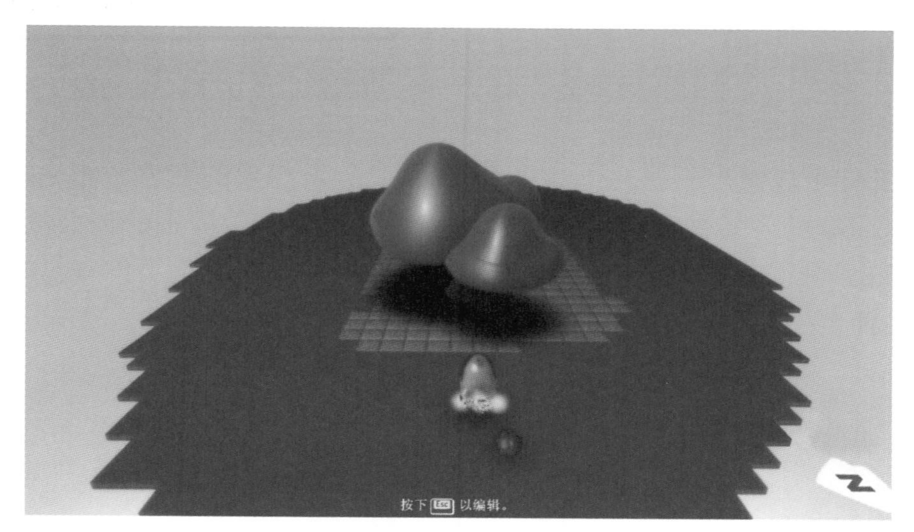

图5.2.5　第三人称视角游戏画面

与其他视角一样,第三人称视角也有一定的缺点,在该视角的游戏中,玩家的正前方往往会被游戏角色挡住而形成盲点。

任何一种视角都有长处和短处,游戏设计师在为游戏选择视角时,必须考虑游戏的类型,并且在游戏设计时尽可能规避该视角的短处,这样才能搭配出适合该游戏的视角方式。

二、赛道

你玩过遥控车玩具吗?你观看过赛车比赛吗?你留意过这些玩具或比赛中的赛道是什么样的吗?图 5.2.6 和 图 5.2.7 分别展示了玩具遥控车的赛道和 F1 中国上海站的赛道示意图。这些变化多样的赛道是如何设计的呢?现在,通过 KODU,你也可以体验一下,作为一名赛道设计师,为赛车游戏打造一款极具个性与特色的赛道。

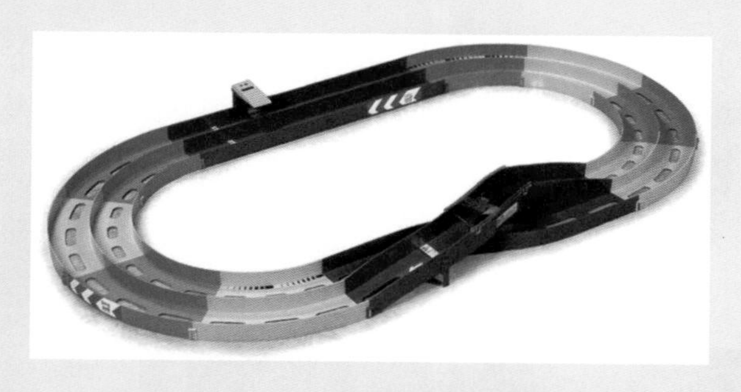

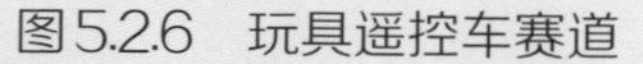

图5.2.6　玩具遥控车赛道

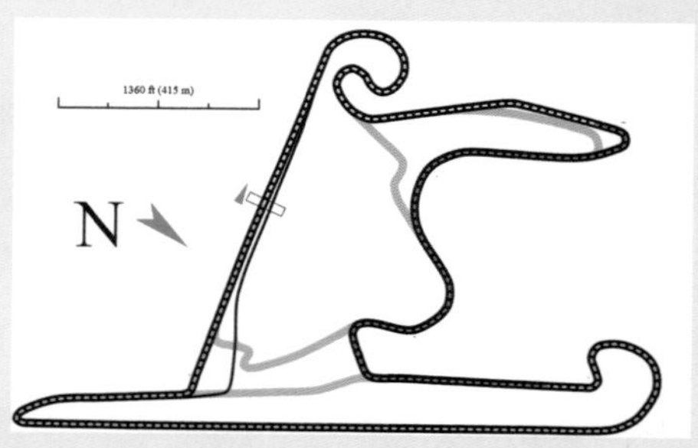

图5.2.7　F1中国上海站赛道示意图

首先，你可以拿出一张白纸，在上面描绘出你所想象的赛道。作为初学者，可以先从简单的开始做起，比如利用颜色对比，将赛道与周围的地面区分开来（如图5.2.8所示）。做完这些，你还可以为赛道场景做些美化工作，比如可以在赛道周围种上一些树木、增加一些观众。

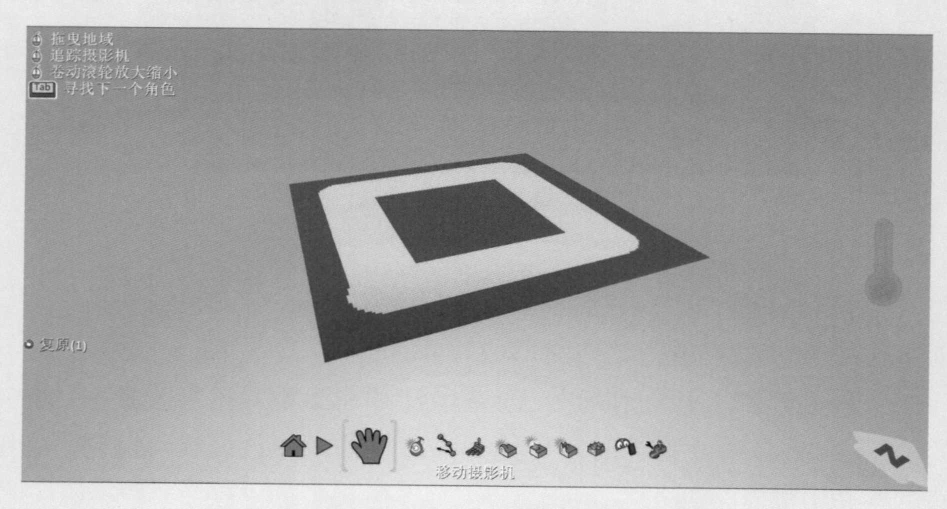

图5.2.8　一条简易的赛道

一般而言，在真实的赛车比赛中，整个赛道是由弯道、直道和一些上下坡道组成的。在KODU中，同样也能实现。

试一试

还记得“上/下工具”、“变形工具”和“粗糙化工具”吗？请试一试，利用它们来改造原有的赛道，创造出上下坡道的效果。

你可以选择使用“路径工具”来搭建形式多变、高低起伏的赛道。

首先，选择工具栏中的“移动摄像机工具”图标，按住鼠标右键并旋转场景至顶视角。其次，选择工具栏中的“路径工具”图标，按照预先设计的赛道草图，在场景平地上设置路径节点，并让各节点首尾相接，形成封闭的红色线条（如图5.2.9所示）。

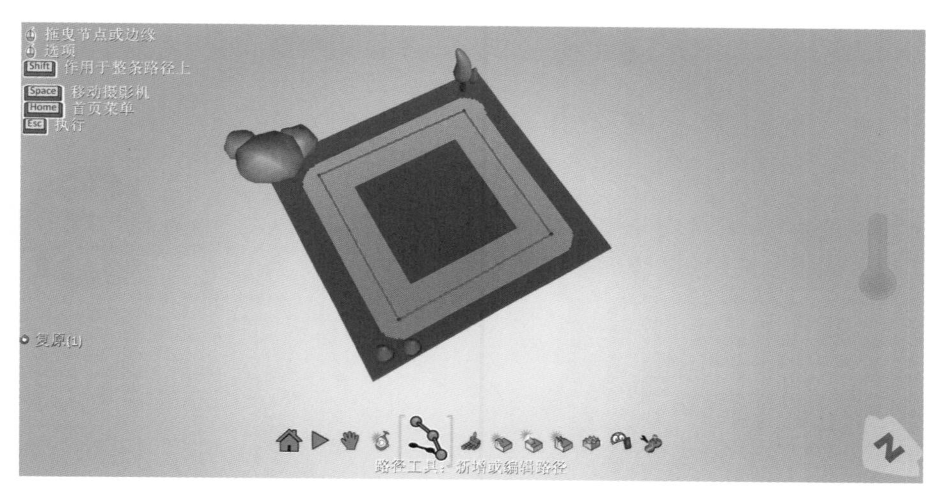

图5.2.9　已绘制好的路径

接着，为了看清路径的高度变化，可把场景切换到平视的角度。右键单击路径的某个节点，选择“变更高度”（如图5.2.10所示），调整该节点的高度。当你对这些路径的形状、高度、位置满意之后，调整路径的类型，便能得到最终的赛道效果（如图5.2.11所示）。

最后，为了让你的赛车游戏更具挑战性，可以在赛道上设置一些障碍物，来增加玩家通过的难度。

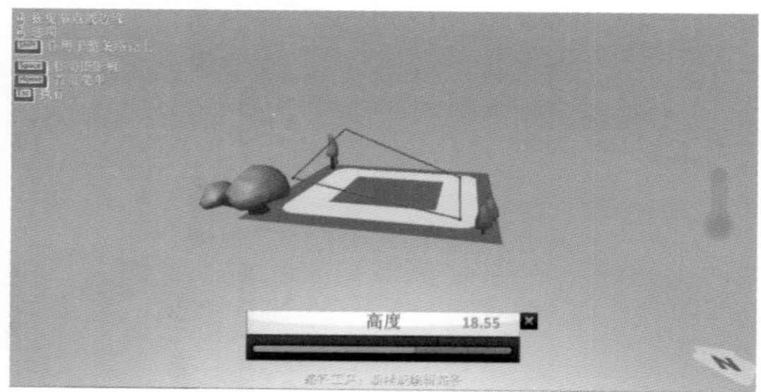

图5.2.10　调整路径节点的高度

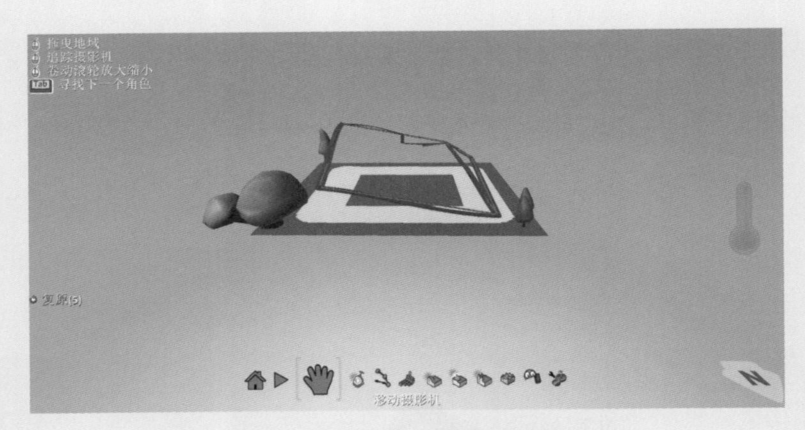

图5.2.11　有高低起伏的赛道

在场景搭建过程中，善用不同的视角，不仅能让你的搭建更加精准到位，往往还能让你事半功倍哦！

三、缩进与页

当赛道完成之后，你要选择一个“角色”并为它“编排程序”。这次，你可以选择“单轮车”作为赛道上的主角，并为它设计5条程序语句（如图5.2.12所示）。图5.2.12中的这些语句并不像你之前看到的那样整齐排列，第2条、第4条语句较其他语句右移，称为缩进。在KODU中，缩进会为该语句赋予执行的条件，如图中的第1条语句是第2条语句运行的前提，第3条语句是第4条语句运行的前提。

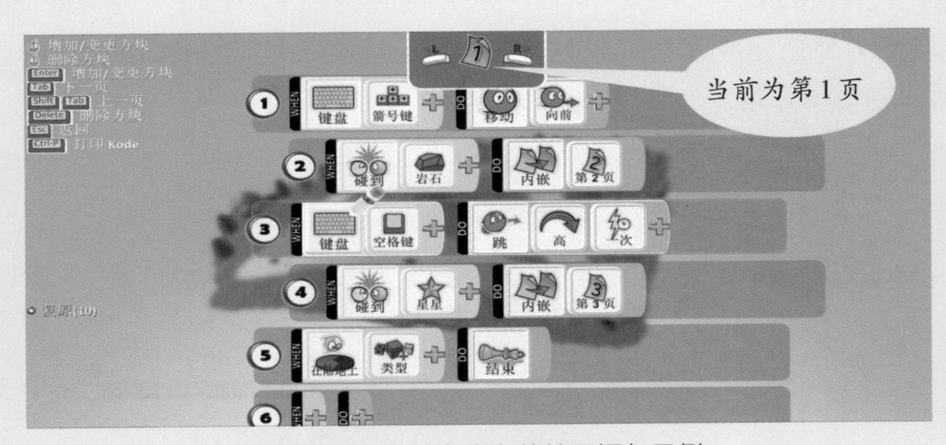

图5.2.12　单轮车赛车的编程语句示例

试一试　**在KODU中，缩进次数是有限的吗？最多能够缩进几次？**

此外，在图5.2.12的第2条和第4条语句的DO选框中，都出现了“内嵌”、“第*页”的选项，一旦满足WHEN中的条件，便会切换到指定页的程序窗口，并执行相应的命令。“页”是KODU中一个非常特别而又有用的功能，在“编排程序”状态下，用鼠标点击界面上方的“L”和“R”，能够实现不同顺序的翻页，键盘上的方向键 ← 键与 → 键，也能实现同样的功能。每一个对象可以拥有12页的编程窗口，利用“页”你能够让一个对象拥有更为复杂的功能，也能让自己编写的程序更容易被别人所理解。

议一议

如果图5.2.13中的两图分别为图5.2.12所对应内嵌的第2页和第3页，你能否理解所有程序语句的含义？

如果在“编排程序”中不用到“缩进”和“页”，你能否实现同样的功能？

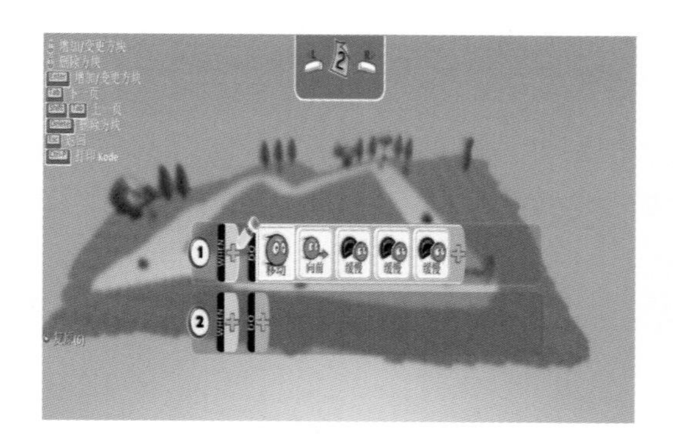

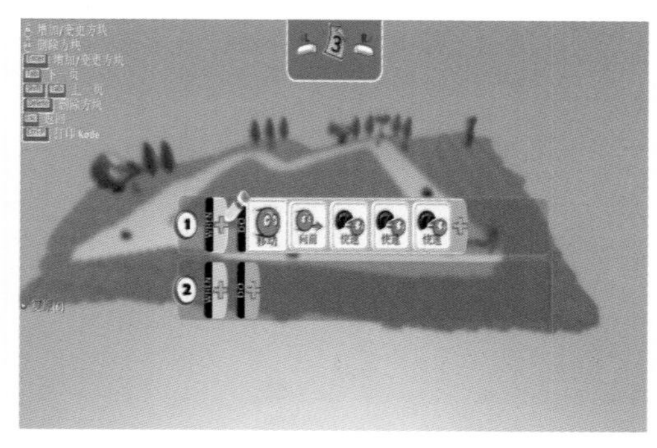

图5.2.13

单元项目活动　极品飞车

学了那么多新东西，我已经跃跃欲试了！

好啊！那就快来露一手吧！

活动目标

请你运用所学知识，设计一款名为“极品飞车”的赛车游戏，要求赛道中必须包含一些上下坡道；为该游戏选择一种合适的视角方式；在编排程序时，使用“页”的功能。

为了更好地达成这些要求，你需要对这款游戏有一个大致的定位。比如，是单人游戏、双人游戏，还是多人游戏？对抗方面，是否要引入人机对抗？场景方面，准备达到怎样的复杂程度？

与此同时，你还应该时刻关注游戏的趣味性。规划出一条独具匠心的赛道，让玩家在游戏的过程中体验到赛车的紧张刺激和竞速乐趣。

任务分析

赛车类游戏的场景设计是整个游戏设计开发的关键。作为游戏设计者，你可以先查阅一些国内外赛车比赛的赛道设计方案，同时发挥你的奇思妙想，确定场景方案。要知道，有些设计在现实中很难实现，却能够在KODU中实现；而有些设计在现实中能够实现，却不能在KODU中实现。这就需要我们思考、假设、实践并不断地调整方案。另外，了解现实生活中赛车比赛的基本规则，对制定相应的游戏规则也是非常有帮助的。

请你边思考、边填写以下设计方案，厘清极品飞车游戏的设计思路：

极品飞车游戏设计方案

1. 玩家数量:________(人)(建议1人或2人)

2. 是否准备加入电脑控制单位(机器人)? ________(填写:是或否)

3. 选用什么对象作为游戏角色? ____________

4. 你希望这个赛车场是怎么样的地形地貌? ________

A. 平原　　B. 山地　　C. 湖泊　　D. 其他__________

5. 请画出赛道的大致图样:

6. 请罗列游戏中决定玩家输赢的游戏规则:

____

____

____

____

新知探究

1. 场景设计

对于任何一款游戏来说,场景的作用都十分重要,它决定着游戏的环境效果。赏心悦目的游戏画面,恰到好处的物件摆放,创意十足的场景设计,总能让玩家在游戏过程中非常享受,并能对该游戏保有更持久的兴趣。因此,为自己的游戏设计美观且富有趣味的场景是一项重要的工作,也是游戏走向成功的第一步。当然,只有先设计出好的游戏场景,才有可能搭建出优秀的游戏环境。

场景制作过程中,一定要善用、巧用各类工具。比如,你可以利用"粗糙化"工具,迅速将原来平坦的林地赛车场景(如图5.3.1所示)改造成山峦起伏的山地赛车场景(如图5.3.2所示)。你也可以把赛道铺设得更加蜿蜒曲折,来增加玩家操控的难度。

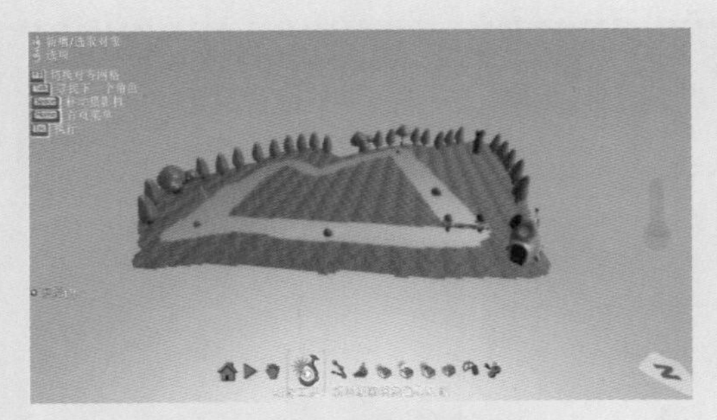

图5.3.1 林地赛车场景

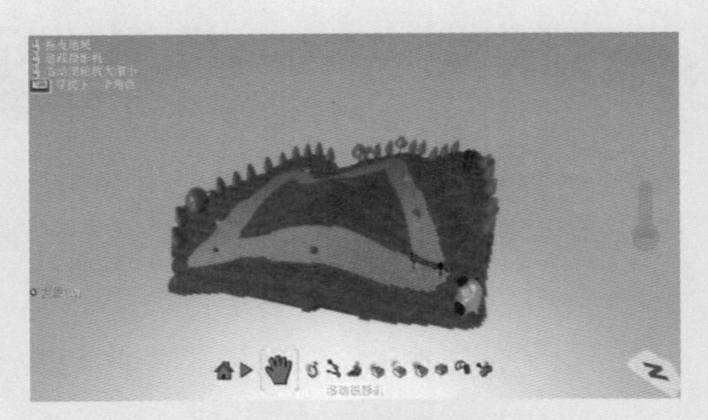

图5.3.2 山地赛车场景

2. 动作设计

在前几章中，你已经学会了如何控制对象的移动、跳跃等基本动作。想一想，在赛车游戏中除了这些常规的运动方式之外，还能有哪些特别的方式来控制对象？你在游戏策划时制定的规则，它们将如何一一变成对象的程序脚本？

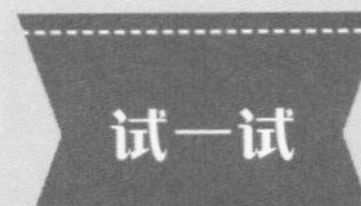

如果极品飞车游戏中有一条规则是这样的：当单轮车撞到赛道中的岩石，会被冻结3秒，之后才能继续前行。要在游戏中实现这条规则，你会怎样编写程序语句？

3. 页的应用

KODU中，当多个对象具有相同的，或者相似的程序语句时，你可以使用复制对象的方法，或者利用复制页的功能，大大节省编程的时间。在复制后，根据实际需要对程序再稍作调整即可。

复制页的功能操作如下：你可以选中黑色单轮车的页标签，右键单击，选择

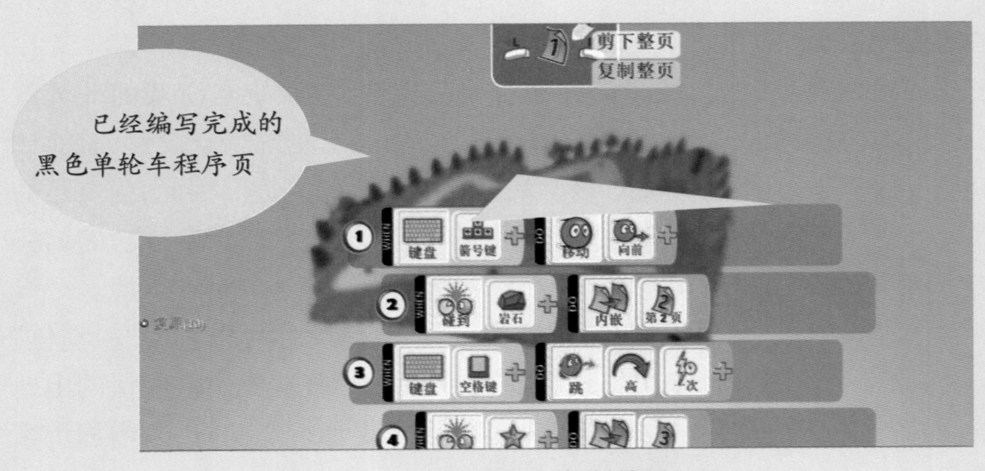

图5.3.3 复制整页

“复制整页”(如图5.3.3所示),之后再粘贴到红色单轮车的程序窗口,使红色单轮车获得与黑色单轮车同样的功能。

本单元提到过“内嵌页”的作用,你有没有发现,除此之外还有一种“切换页”的功能。将图5.3.3中的“内嵌”修改为“切换”,并运行程序,体会两者有怎样的区别。

游戏调试与修改

请你始终记住,任何一个好玩的电子游戏都不是一蹴而就的,在设计与制作的过程中,需要不断地调试。步步为营地对游戏进行调试,可以让你更容易地发现游戏的不足或错误,并及时改进与修正。

序号	游戏中的场景、对象、功能、规则等	预设的结果	实际的结果	改进与提高
1				
2				
3				
4				
5				

游 戏 进 阶

本单元中的极品飞车属于地面竞速类游戏,你能否设计一款在浩瀚的海洋或广袤的天空中竞速的游戏呢?发挥你的想象,让各种海洋生物在蜿蜒曲折的航道中尽情漫游,让各种飞行器在无边无际的天空中自由翱翔吧!

拓展阅读：人机对抗中的电脑工作原理

“人机对抗”通常是指玩家与电脑之间的对战。本质上，单人游戏就是一种人机对抗，电脑通过其速度快、变化多等优势来与人对抗。当然，电脑中多样化的情节呈现，也都是人编写的脚本，通过程序来实现的。

自第一台计算机问世以来，人们就梦想造出一种可以完美模拟甚至超越人脑的计算机系统。因此，人与机器的对抗一直是人们关心的话题，在大量的假设、论证、实践、改进工作中，电脑在某些领域的“智慧”不断得到进化。

人机对抗中最典型的，是棋类的对弈。棋类对弈中，最基本的方法就是搜索。电脑利用其运算快的优势，尝试多种走法，并选择其中最优的一种。在过去的20年中，有几次人机象棋大战给人们留下了格外深刻的印象，也成为人工智能发展的里程碑。

1997年，美国IBM公司的“深蓝”超级计算机以2胜1负3平战胜了当时世界排名第一的国际象棋大师卡斯帕罗夫。“深蓝”的运算能力在当时的全球超级计算机中位居第259位，每秒可运算2亿步。

2006年，“浪潮杯”首届中国象棋人机大战中，5位中国象棋特级大师柳大华、张强、汪洋、徐天红、朴风波迎战超级计算机“浪潮天梭”。在2局制的博弈中，“浪潮天梭”以平均每步棋27秒的速度，每步66万亿次的棋位分析与检索能力，最终以11:9的总比分险胜。

与象棋相比，围棋的人机大战更为高深莫测。虽然围棋的规则异常简单，黑、白两色的玩家交替下棋，当黑色或者白色棋子在二维棋盘上将另一方棋子包围住，且没有了“气”之后，就可以把对方的棋子吃掉，最终通过计算黑白双方在棋盘上占领的目数来判断输赢。但是，在19×19的围棋棋盘交叉点上，有着几乎天量的可能走法，计算机难以胜任其庞大的运算量。

事实上，现在人机对抗中使用的技术，已经不是简单地尝试各种走法。2016年3月，战胜围棋名将李世石的围棋机器人AlphaGo就号称有两个“大脑”，采用“深度学习”的工作原理。这两个“大脑”都是采用神经网络技术，其中，“策略网络”大脑负责观察棋盘布局，企图找到最佳的下一步，同时预测每一个符合规则的下一步的概率；“价值网络”大脑通过整体局面判断来进行辅助。AlphaGo还具有类似于人的“学习”功能，通过读入大量的棋谱，来不断积累最佳的走法，并从人类的经验中学到致胜的秘诀。

目前的人工智能在某些领域如医疗、国防等，都已经逐步开始具备学习全人类经验的能力，人工智能或许能把人类已经达到的高度推向更高，将人类从更多的重复性脑力劳动中解放出来，为我们创造更美好的生活。

如果有一天，计算机真的具有了自我意识，甚至机器人的智能超过了我们人类，那么，人类和自己创造的智能生物之间是否会爆发一场战争，还是会和平相处呢？让我们拭目以待吧。

第六单元　丛林大冒险

在跑道上飞驰的感觉太棒了，那些障碍物根本就阻挡不了我。

拜托，那只是最初级的障碍，还有更厉害的等着你呢！

是吗？凭我的技术，没有什么能难倒我的。

这次的障碍可没那么简单，你等着瞧吧！

第一节　增加游戏中的发射

在前一单元中，对于跑道上设置的障碍物，只要绕过去、跳过去、穿过去就行了。这些障碍不会对玩家控制的角色构成任何的伤害。但是，本单元所设计的游戏中，玩家控制的角色将面对具有智慧的巡逻敌人。与此同时，为了应对这些敌人的攻击，你也必须赋予角色新的技能。

一、发射动作

在KODU中，你可以赋予角色发射技能，来攻击并摧毁那些讨厌的障碍物。说起射击，你是否曾经玩过一些射击类游戏，在这些游戏中，会提供给玩家多种装备，比如弓箭、手枪、导弹等，它们常常拥有不同的参数与威力。KODU中配备了两种射击武器，分别是火箭和星光弹。对于它们之间的区别，可以通过实验来分辨。

做这个实验，你必须创建一个射击场景，主角依然是聪明的小酷，并选用一棵大树作为障碍物（如图6.1.1所示）。

图6.1.1　障碍物大树

为了比较火箭和星光弹在发射速度、精度、威力等方面的不同，你必须为小酷同时增加这两种发射的功能（如图6.1.2所示）。

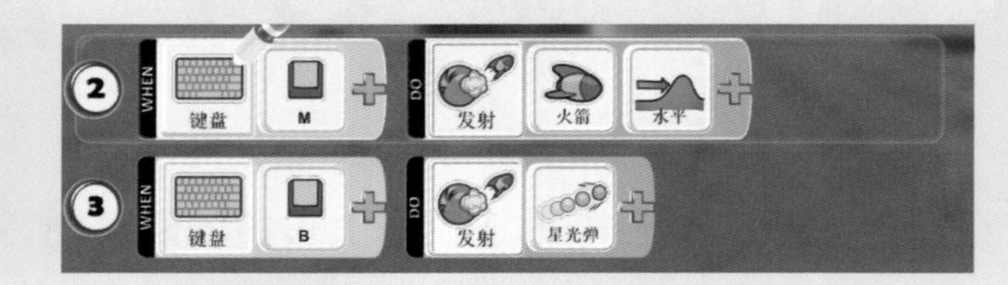

图6.1.2 为小酷增加两种发射功能

理一理

请找出火箭和星光弹的区别，并将其记录在以下表格中。

	火箭	星光弹
速度（快、慢）		
精度（大、小）		
威力（大、小）		

想一想

仔细观察下图，你会发现环形菜单中有两种发射命令选项，它们有什么区别呢？

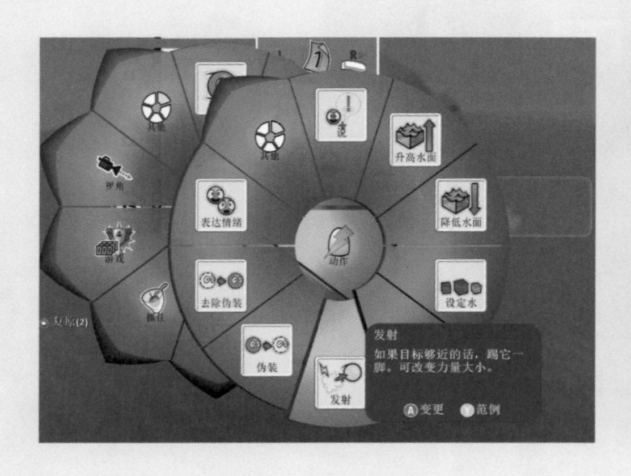

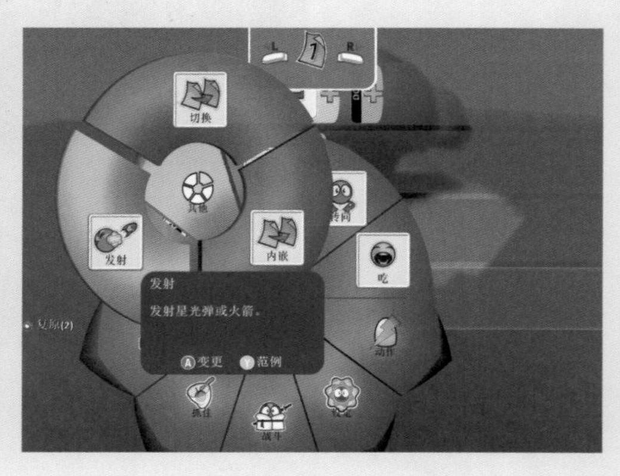

二、生命值

在网上经常能听到有人说自己“血槽已空”,这是什么意思呢?其实这是在游戏中常用的,也是特有的一种表达方式,为了更清晰地表现游戏角色的当前状态,游戏中角色的生命通常用血量进度条来表示,当血量进度条为0时,代表游戏角色死亡。还记得第三单元中介绍的几种游戏结束方式吗?角色生命值归零也可以是游戏结束的一种方式。

除了主角之外,对于一些障碍物,你同样可以赋予它生命值(如图6.1.3所示)。比如在快节奏的射击游戏中,通过呈现生命值,玩家可以更好地控制射击的次数,减少不必要的子弹消耗。

图6.1.3　障碍物的生命值

除了生命值之外,攻击力、防御值等属性通常被用来描述一个角色的战斗指数。

在KODU中,生命值默认是隐藏的,如果你想看到对象的生命值,可以在“变更设定”中,将“显示生命值”设置为“打开”状态。你还可以根据游戏设计的需要,调整生命值参数的大小(如图6.1.4所示)。

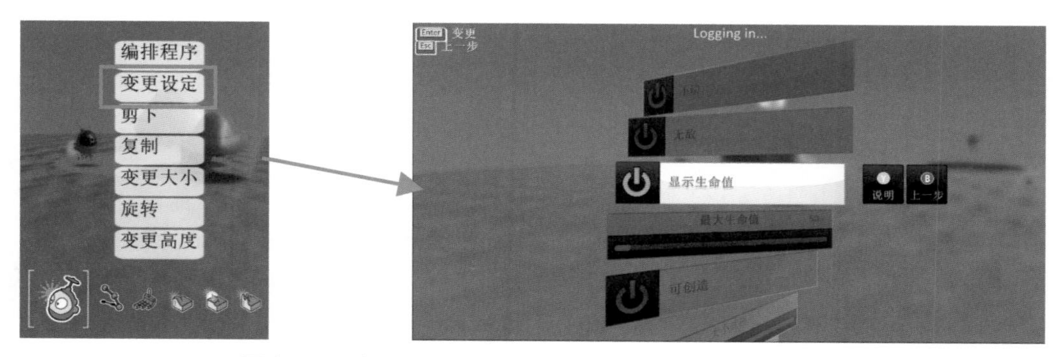

图6.1.4　变更设定中显示生命值及其他参数的设置

三、游戏中的静态攻击

在KODU中，通常把固定位置、不能移动的对象发起的攻击，称为静态攻击。作战时，静态攻击往往会受到一定的限制。

静态攻击的对象可以是主角的敌人，也可以是主角的帮手，比如当可怕的章鱼怪接近时，静态攻击对象加农炮能够保护身边的小酷，并向章鱼怪发动猛烈的攻击（如图6.1.5所示）。

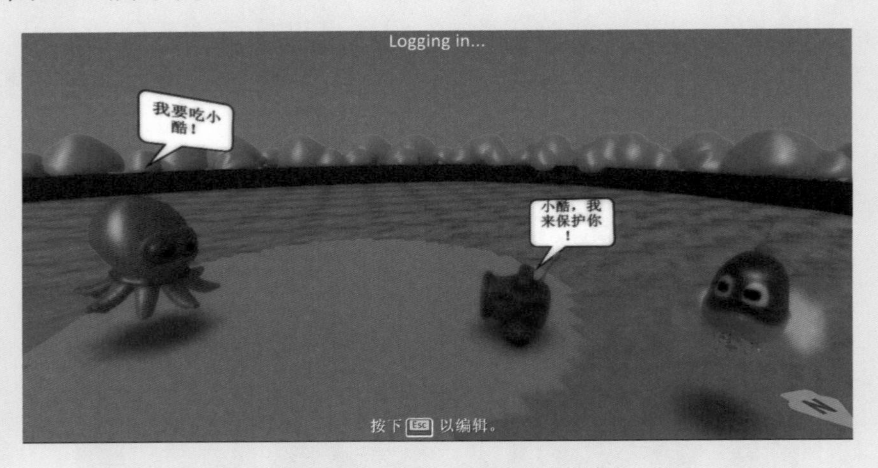

图6.1.5　静态攻击的加农炮

试一试　**尝试为加农炮编程：WHEN______________，DO__________________**

第二节　增加游戏中的巡逻功能

一、增加游戏中的敌人

游戏中会有助玩家一臂之力的好伙伴，也难免会有避之不及的敌人，他们会对玩家造成伤害，甚至随时让玩家一命呜呼。一个游戏里，敌人通常还不止一个，甚至有多种类型，可以根据属性、大小、移动方式、攻击方式来对其分类。比如“超级玛丽”中的敌人有栗子、食人花、绿乌龟、红乌龟，以及最终的大Boss，它们的攻击技能、威力、生命值等各不相同。在攻击它们的同时，你会体验到多样化的挑战，无形中掌握了击败不同敌人应使用的不同技能和不同操作技巧。

理一理

分析一款你玩过的游戏中的敌人

游戏名称：____________

序号	敌人名称	行动路径	运动速度	技能	如何战胜它
1					
2					
3					
4					
5					

二、增加游戏中的动态攻击

动态攻击，顾名思义，是一种运动式的攻击，与静态攻击相比，动态攻击往往会让游戏更富于变化，一旦敌人“学会了”动态攻击，游戏的难度也随之提高了。在KODU中，通常把动态攻击分为两类，第一类是固定路径巡逻的动态攻击，第二类是任意移动巡逻与追击的动态攻击。

1. 沿着固定路径巡逻

在移动命令中，你可以限定角色沿着东西或南北方向行走，但并非所有的路都横平竖直的，这就要用路径工具来设计角色行进的路线。值得注意的是，如果要让角色循环往复地移动，就必须让路径的首尾两端相连，形成一条闭合的路径（如图6.2.1所示）。

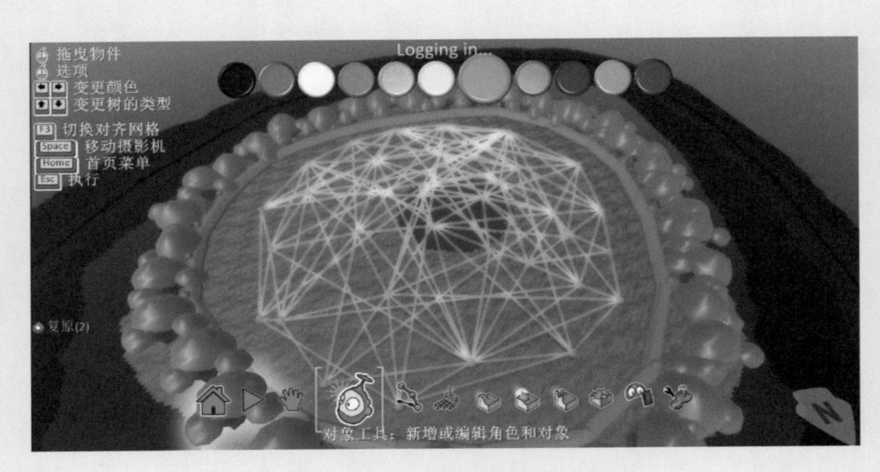

图6.2.1　沿着固定路径巡逻

2. 任意移动巡逻与攻击

除了固定的行进路线外，为了提升游戏的惊险刺激指数，敌人对玩家的反应状态也是需要你在设计时予以考虑的。一般来说，敌人在巡逻的状态中会比较悠闲，一旦发现玩家，它会立即进入攻击状态，并开始追击。

该如何用程序来实现它呢？首先，你需要分析敌人经历的几个状态（如图6.2.2所示）。

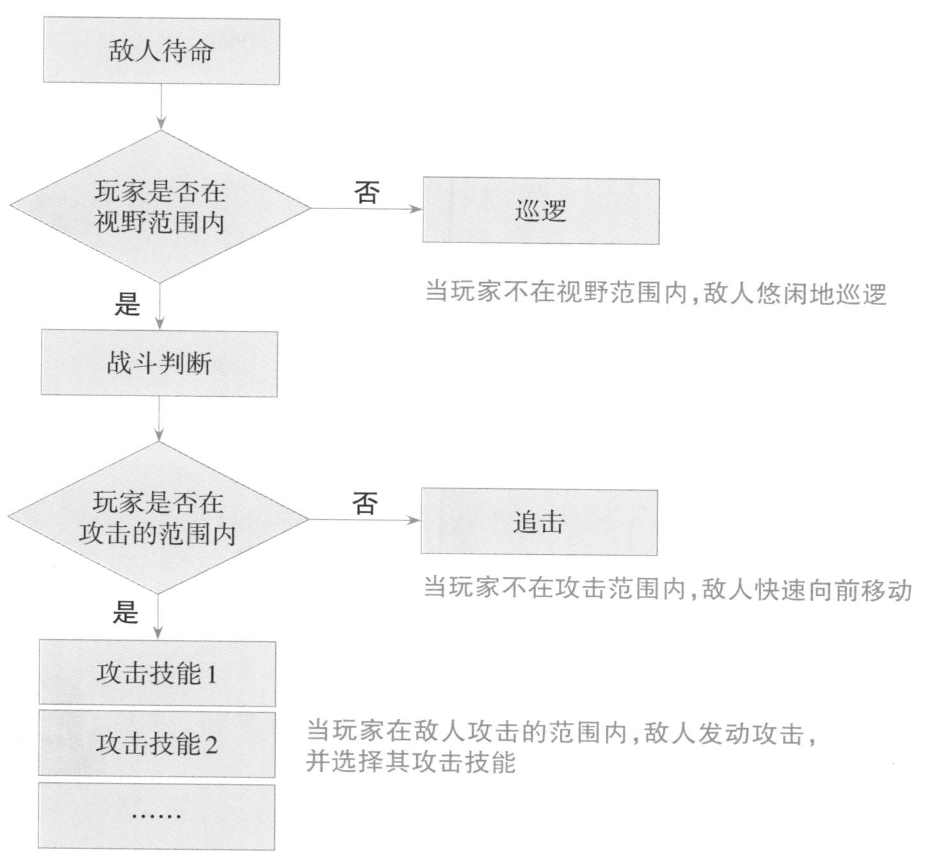

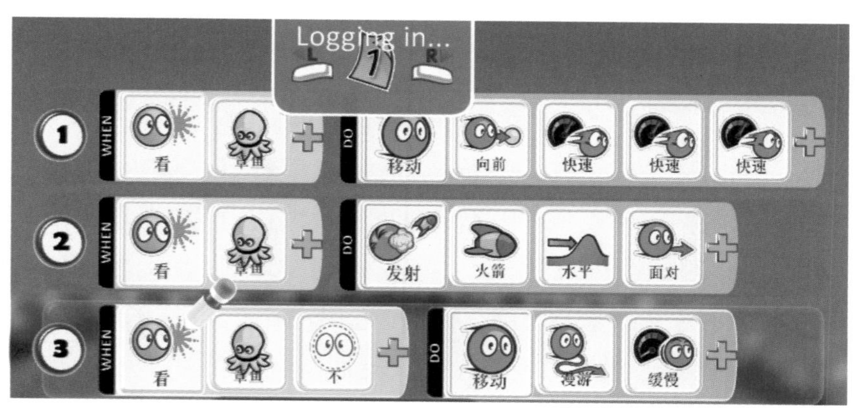

图6.2.2　敌人的巡逻与攻击

当面对“敌人的巡逻与攻击”此类比较复杂的问题时，不要急于编程，应该先将问题梳理、剖析，再设计算法，寻找最佳的解决方案，最后进行编程。这是一名优秀的游戏设计师需要养成的良好习惯。

单元项目活动 丛林大冒险

娜娜，游戏变得越来越有意思了，不过伟大的对决需要伟大的对手来衬托。

是呀！为了衬托你的厉害，我决定派你去丛林大冒险，我要给你增加难度，多加几个对手来挑战你！

太恐怖啦！娜娜，记得多给我几条命啊，必要的时候让我还能起死回生。

活动目标

这次你不小心闯入了危险的原始丛林，丛林里有好多敌人，你必须想办法逃出丛林。在行进的路上，一定要注意转角处或者大树背后，那里可能有定点伏击的敌人。还要小心四处巡逻的敌人，一旦被他们发现，会受到凶猛的追击，当然，你也可以运用手中的武器予以还击。能否逃出丛林就看你的勇气和运气了，不过，冒险过程中你能够通过拾取宝物，来恢复你的生命值。

根据以上的文字描述，利用本章所学的知识，完成该游戏的制作。

任务分析

1. 编写游戏情节、规则

这是一个关于________的故事，在过程中________(主角)遇到了各种危险，有定点伏击的敌人________，有四处巡逻的敌人________________，对于这些敌人，主角可以用________________技能进行还击，路上有机会拾取宝物________宝物会有哪些功能________，我们必须在________时间内________，就算成功逃脱了危险丛林。

想一想

在许多游戏中，常常会有一个了不起的主人公，但很少有突出个性的敌人，在你的游戏中，你能塑造一个有故事的敌人吗？

2. 绘制场景草图

记录单

列出新世界中出现的对象和作用：

____

____

____

____

____

描述玩家如何获得积分，如何在游戏中赢得胜利？

____

____

____

____

理一理

KODU中的可行性分析单

创意设想	KODU中用到的工具
用作静态攻击的对象	
设计静态攻击的动作规则	
用作动态攻击的对象	
设计动态攻击的动作规则	
拾取宝物、恢复生命值	
游戏成功的规则	
游戏失败的规则	

新知探究

1. 开发混合动作技能

在射击游戏中，敌人的攻击往往迅速而又致命，简单地左右移动很难躲避，因此，你可以为主角设计躲避敌人的混合动作。比如，三级跳+发射星光弹（如图6.3.1所示）、加速奔跑+发射火箭，这些混合动作技能同时触发，提高了游戏的可玩性和趣味性。

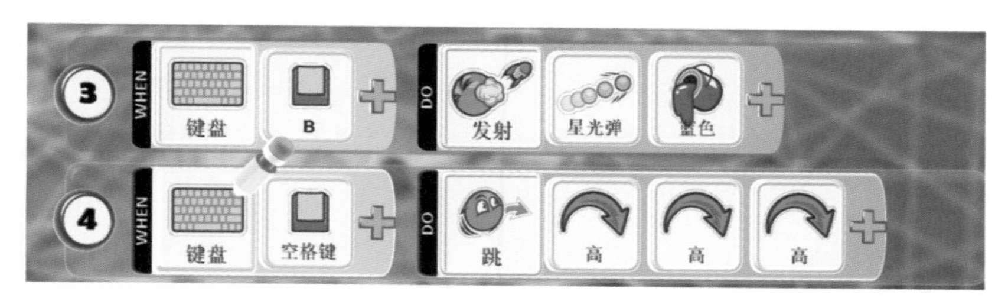

图6.3.1　混合动作

试一试　**请你设计一个混合动作技能：＿＿＿＿＿＿＿＿＿＿＿＿＿＿＿＿。**

2. 调整射击参数

在战斗中，你一方面需要运用躲避策略，保存己方控制角色的生命值，另一方面应该关注主动攻击的策略，争取先发制人。默认情况下的射击频率较低，例如，发射导弹的间隔过长，使得游戏节奏明显下降。因此，在设置游戏中的射击参数时，需要考虑许多问题，例如，想让玩家承受多大的压力？想让玩家间隔多少秒能有一次射击操作？

然后，你可以通过鼠标右击需要编辑的对象，在对象右侧显示的菜单中，选择“变更设定”，并通过鼠标滚轮和键盘中的[↑]键、[↓]键方向键来翻动出现的螺旋菜单，直到找到星光弹和火箭的设置选项（如图6.3.2所示）。最后，你需要调整星光弹和火箭的伤害量、装填时间、攻击范围、速度等一系列参数，并进行相应的测试，从而将射击的状态与设计方案吻合，使游戏的节奏更适合对应的玩家人群。

图6.3.2　调整星光弹和火箭的参数

3. 批量生成对象

如果场景中需要定期出现一批对象，这时，你要用到动作环形子菜单中的发射或创造命令，该命令所发射、创造的物件，大多是不具攻击性的“无害”物件，比如，星星、爱心、金币、乌云等。当你对这些物件进行设置，将它们变成可以增加游戏时间的星星、可以恢复生命值的爱心，或是吃了会扣分的金币时，一定会极大地提高游戏的乐趣。

通过尝试可以发现，在发射与创造命令中，只能选择无害的物件（如图6.3.3所示）。那么，能否在场景中批量添加敌人呢？

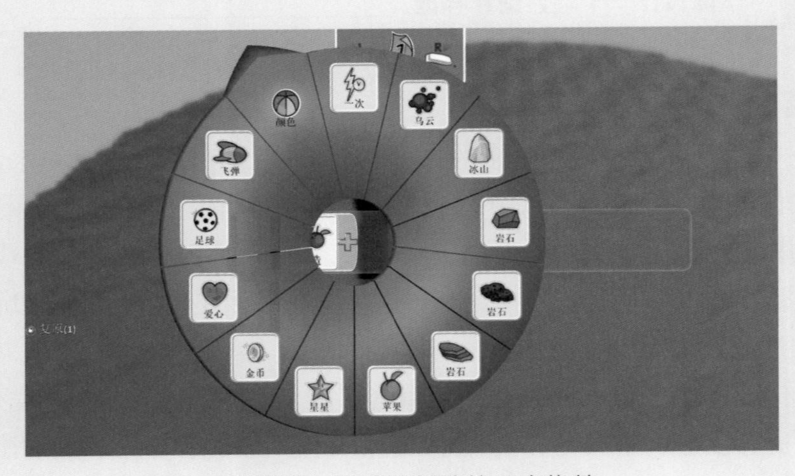

图6.3.3 能够被创造的无害物件

首先，你需要先添加一个对象，比如，一条章鱼（章鱼1），并对它进行编程（如图6.3.4所示），使这条章鱼成为一个凶悍的敌人。

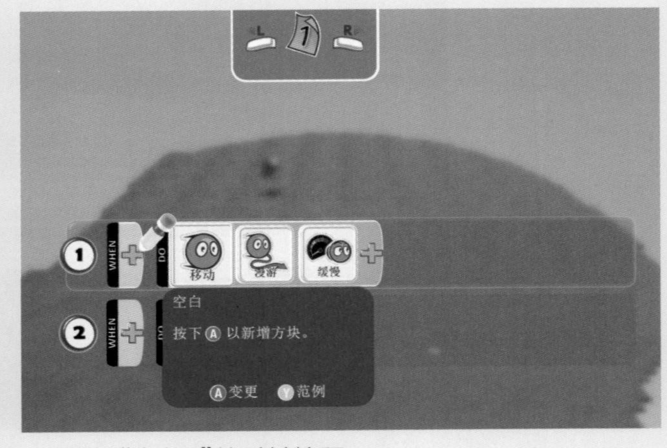

图6.3.4 添加“章鱼1”并对其编程

其次，要批量生成章鱼，有一个关键步骤，就是在它的“变更设定”下的螺旋菜单中开启“可创造”选项（如图6.3.5所示）。这可以通过观察颜色来判断螺旋菜单中的功能选项是开启，还是关闭。当开关图标呈现绿色时，表示打开状态；呈现灰色时，表示关闭状态。

图6.3.5 开启“可创造”选项

最后，你还需要通过其他对象，比如，一个城堡，作为批量生成敌人的宿主对象。当对该城堡编排程序，再次打开创造命令时，能发现环形菜单中新增了一个选项——“可创造”，单击它，就能选择“章鱼1”了（如图6.3.6所示）。

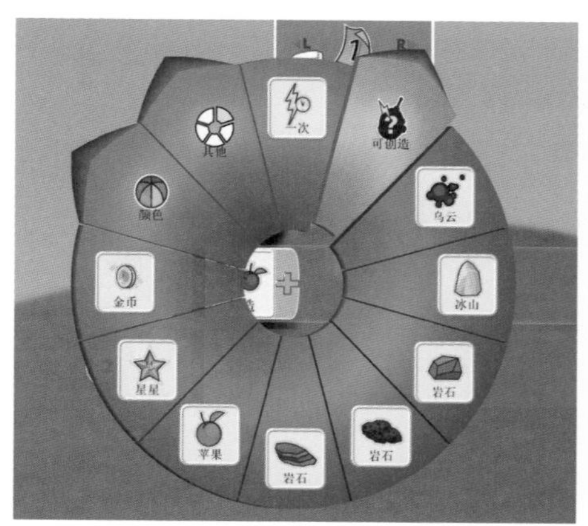

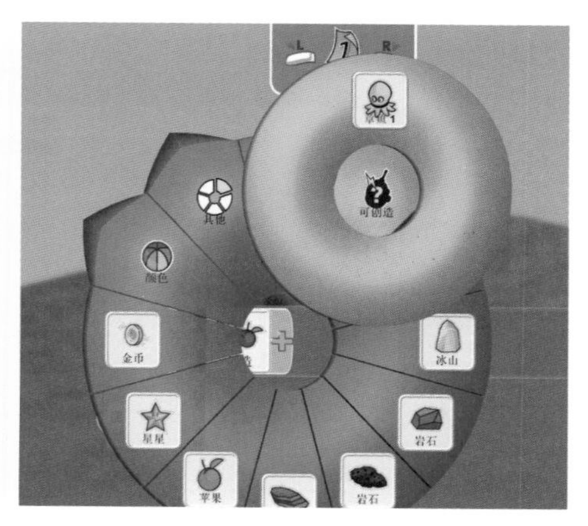

图6.3.6 对城堡编程并再次打开创造命令

这样你就可以实现批量生成敌人的效果了，模仿以上操作，场上很快充满了章鱼（如图6.3.7所示），他们都是“章鱼1”的克隆体，有着与“章鱼1”相同的程序。要注意的是，当你批量生成敌人时，一定要注意游戏的节奏，控制好敌人出现的时间间隔与数量，否则再强大的主角也不可能赢得游戏的胜利。

图6.3.7 批量生成的章鱼

议一议

在KODU自带的游戏范例中，有一个名为Roadkill v03的游戏，游戏中使用了批量生成敌人的功能。请你说出该游戏中“单轮车1”与“单轮车2”的区别，并学习体会该游戏的运作方式。

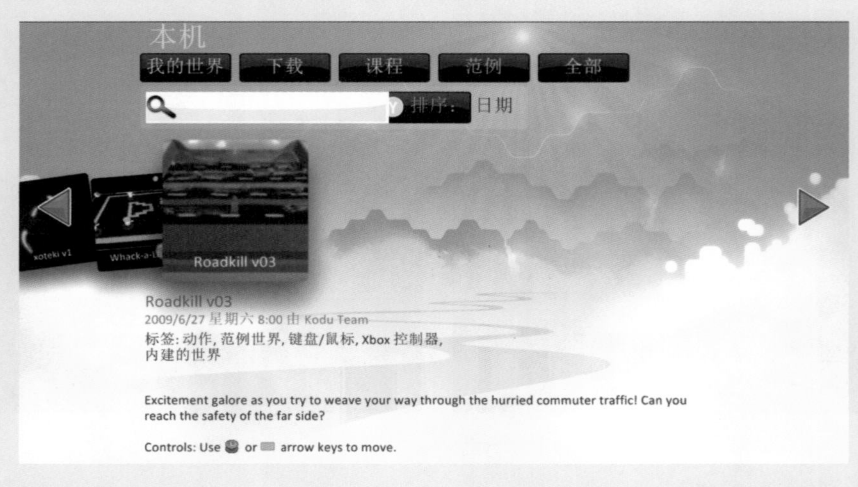

议一议

比较动作环形子菜单中的发射与创造这两个命令，说说它们的异同。

试一试　**请将游戏中敌人出现的方式设置成随机出现在不同的位置。**

场景与动作设计

对于丛林大冒险的游戏设计可以参考以下步骤：

（1）场景设计：基本地形；

（2）场景设计：添加静态攻击的敌人；

（3）场景设计：添加动态攻击的敌人；

（4）角色设计：添加闯关的主角；

（5）动作设计：主角的控制动作；

（6）动作设计：敌人的静态攻击；

（7）动作设计：动态敌人的出现路径；

（8）动作设计：动态敌人的攻击动作。

在场景创作时，你也可以参考以下设计效果图（如图6.3.8所示），但请记住，一味地模仿永远无法超越。

图6.3.8 从林大冒险效果图

游戏调试与修改

你需要关注并收集玩家游戏过程中的数据。比如，有多少比例的玩家能击败敌人？获胜时，玩家平均攻击了多少次？哪个技能的使用频率最高？哪个技能的使用频率最低？然后，对这些数据进行分析，从而进一步改进、完善游戏。

游戏中事件	预设的结果	实际的结果	改进与提高
主角的混合动作技能			
敌人的静态攻击			
敌人的动态攻击			

游 戏 测 评

	很满意	有待改进	不满意
场景大小合适			
场景布局合理			
场景美观			
对象控制			
程序实现功能			
综合评价			
游戏改进建议	场景：		
	功能：		
	对象：		
	其他：		
游戏改进措施			
希望学习的知识与技能			

游 戏 进 阶

在经典游戏坦克大战中,玩家作为坦克军团仅存的精锐部队指挥官,为了保卫基地不被摧毁而展开战斗,游戏中可以获得多种奖励或惩罚,有的奖励能够增强自身的能力,如提升炮弹威力;有的奖励能够限制敌人的行动,如冻结敌人10秒,减慢敌人的速度;有的奖励能够提升友方的防护能力,如把基地周围的保护板加固为砖墙等;但是,当这些奖励被敌人获取时,就成为对主角的惩罚。该游戏中有多种多样的敌人,比如,装甲车、轻型坦克、反坦克炮、重型坦克等,具有不同的特性;也有多种地形、材质,比如,砖墙、海水、钢板、森林、地板等,它们都有各自独特的属性。这款在20世纪80年代出品的小游戏,虽然现在看起来并不起眼,但在当时,它独具匠心的设计,受到了大批玩家的追捧。

参考坦克大战游戏,在你设计的“丛林大冒险”游戏中,进一步增加各种奖励和惩罚条件,补充各类静态或动态攻击的敌人,并为这些奖惩和敌人设计出更具创意的出场方式。

扩展阅读：变量的概念

生命值是在游戏中非常普遍存在，也是特有的一种表现方式，它表示一个个体在被消灭之前所能承受的最大攻击力。在许多游戏中，它会被放在一个显眼的位置，比如：对象的头顶上方。通过它，玩家可以直观地看到游戏中所有人物的生命状态，为下一步对战行动的决策提供依据。

当生命值为0时，该对象死亡。一旦主角的生命值变为0，常常意味着游戏的失败。如果某个士兵的生命值为50，一个攻击力为1的敌人需要攻击50次才能击倒他，而一个攻击力为5的敌人只需要攻击10次即可将其击倒。因此，生命值和攻击力的变化，会影响游戏的难度。

那么生命值在计算机中是怎样实现的呢？这就需要提到变量这个新概念。程序中的变量和数学公式中的变量是有区别的。在数学概念中，变量是指没有固定的值，可以改变的数，通常用非数字的符号来表达，一般用拉丁字母。在程序中，变量是计算过程中要用到数据的存储单元，通过执行输入指令，程序将外界输入的数据存储到指定的变量中，程序计算的结果也可以存储到指定的变量中。本书中，主要指程序中的变量。其实，变量就相当于一个容器，一般的容器是放物品的，比如装水的杯子，而变量是放数据的。它可以把输入的字符串或者数值装进去，在需要的时候再取出来。一旦在变量中存入了数据，人们就可以随时、多次地提取。另外，当一个变量被赋予新的数据后，会取代原来的数据，比如，在装满水的杯子中装酒，我们需要把水倒去，再装上酒，酒取代了水，一杯水变成了一杯酒。

游戏中的生命值就是这样一个变量。如果在某个游戏中，敌我双方的初始生命值均为100，就要给生命值变量赋予初值100。当我方发动10点的攻击，并命中敌人之后，敌人的生命值减少了10，生命值变量发生了变化，变为了90。在敌我双方多次交锋之后，某一方的生命值先到达0时，就会被判定这一方失败。当然，在游戏中也可以设置某种奖励，起到增加生命值的效果，因此敌我双方的两个生命值变量从被赋予初值之后，不断地变化着，直到其中一个变为0为止。变量从某种程度上反映了对象的属性，甚至是游戏的进程。一个对象身上可能有多个变量来存放它的相关数据。

在KODU中，你学习过的计时器、计分牌都是变量，通过它们，能非常直观地读取该变量的数值。

第七单元　海底总动员

小酷，快来试试我新设计的游戏，看这精美的场景、丰富的人物设定、有趣的游戏规则，不错吧？

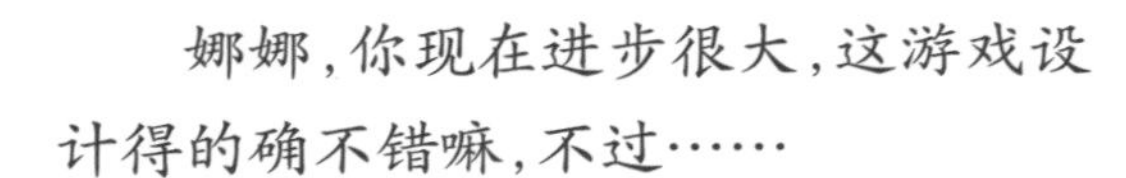

娜娜，你现在进步很大，这游戏设计得的确不错嘛，不过……

不过什么？

那么有趣的游戏，就一关太可惜了。如果能像“超级玛丽”一样，做成多关卡游戏的话，就更棒了。

对哦！快来教教我吧！

没问题，我们一起来做一个关卡类游戏吧！

第一节　增强游戏中的耐玩性

重复而又单调的游戏，容易让玩家失去兴趣。玩家希望游戏中能有更多新颖的元素和新奇的挑战。因此，丰富有趣的关卡游戏总是能够聚集更高的人气。

一、关卡游戏

关卡游戏是由多个难度逐步递增的小游戏组成的系列游戏。

设计师需要参照剧情，设计每个关卡中的情节、环境、对象、动作等细节，根据难易程度，对各关卡进行有梯度的编排，最终将完整的游戏呈现在玩家面前。

二、游戏中的关卡

关卡设计是游戏设计中的重要组成部分。游戏的节奏、难度阶梯等方面的推进，很大程度上要依靠关卡来控制。

关卡设计一般由游戏情节、目标、视觉风格、场景、道具、敌人、关卡先后连贯性设计等要素组成。如在游戏“超级玛丽”中，游戏开发者设计了多个场景及关卡，随着关卡的深入，角色的技能不断丰富，敌人的能力不断加强，通关的难度也逐关提高。

而在KODU里，主要有两种关卡设计，一种是在同一个场景里的关卡游戏；另一种是由多个场景组成的关卡游戏。

关卡类游戏设计时需要注意的几个方面：
第一，确定游戏的主要玩法。
第二，概述出游戏玩家所需经历的故事。
第三，拟出主要元素，为创造性留下足够空间。
第四，调整每个关卡的难度，它应该是逐步递增的。
第五，通过测试来保证游戏的正常运行。

第二节 KODU关卡游戏设计

一、同一场景内的关卡设计

同一场景内的关卡设计通常表现为玩家完成某种任务或触发了某个事件。一般会在关卡开始时或过关时，通过对话进行关卡的过渡。在KODU中，你可以通过“说”语句来实现关卡过渡功能。

在指定对象的“编排程序”编辑界面中，只要把WHEN语句留空，在DO语句中添加“说”这个行为动作，那么，在关卡一开始时就会出现对话，不需要任何触发条件。如果对话的内容只需要显示一次，在“说”的行为动作之后添加“一次”即可（如图7.2.1所示）。

图7.2.1 说语句

单击“说”可编辑内容（如图7.2.2所示）。

你好，kodu！很高兴见到你！
全屏幕
想法球形文字说明，依序挑选行
想法球形文字说明，随机挑选行
A 储存
B 上一步

图7.2.2 编辑说语句

其中，▬▬▬可对文字的排版进行编辑。分别是左对齐、居中对齐和右对齐。

对话显示方式有三种选项。默认为中间项“想法球形文字说明，依序挑选行”，结果会根据编写的顺序依次显示对话（如图7.2.3所示）。

图7.2.3　想法球形文字说明

请分别尝试三种“说”选项，在下表中填写显示结果：

选项	结果
想法球形文字说明，依序挑选行	
想法球形文字说明，随机挑选行	
全屏幕	

为了进一步丰富对象的行为，你还可以将对象的表情和语言嵌套（如图7.2.4所示）。

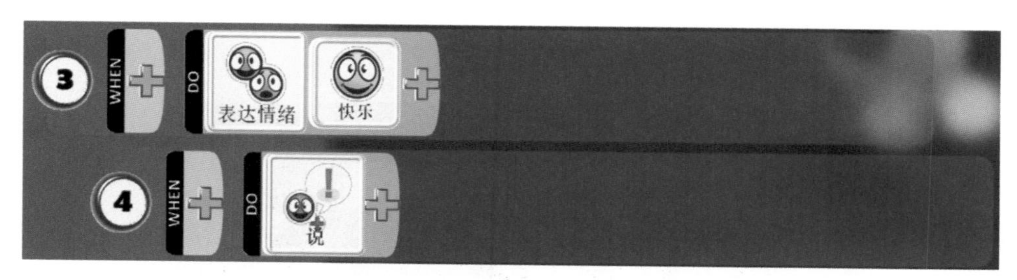

图7.2.4　表情与语言嵌套语句

试一试　**说出图7.2.4的含义，并请设计一个简单的对话环节。**

二、多场景关卡设计

多场景关卡是关卡游戏中最常见的一种形式。通过场景的变化与难度的提升，在给予玩家新鲜感的同时，还提高了游戏的整体难度。

游戏设计时，要根据关卡次序，逐步提升难度。在KODU中，你可以先分别制作出各个关卡的游戏，再利用“下一层”功能将不同的游戏按照顺序进行串联。

编排程序时，可以通过单击DO后面的“+”，在出现的环形菜单中选择“游戏”，在其子菜单中选择“下一层”（如图7.2.5所示）。

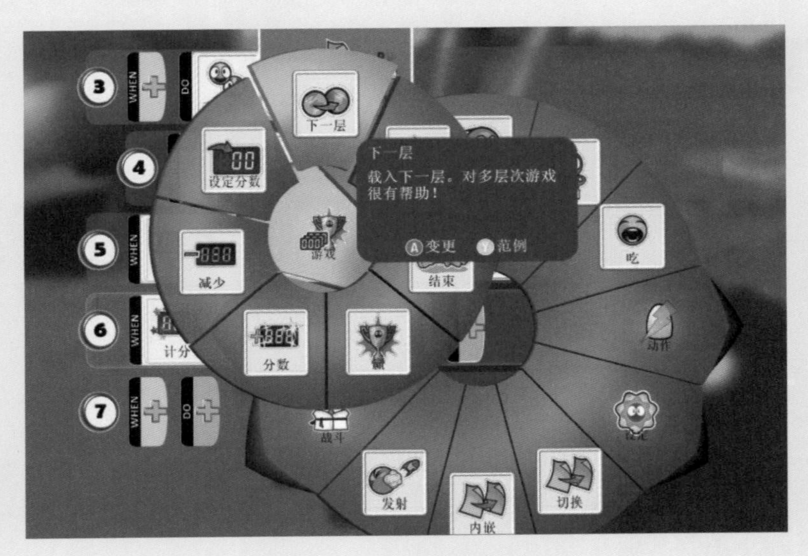

图7.2.5　下一层语句位置

单击“下一层”，在出现的“下一层”对话框中单击任意位置，可以进入到游戏选择的界面（如图7.2.6所示）。

图7.2.6　下一层对话框

在游戏选择界面中，单击所需的游戏缩略图，在右侧弹出的菜单中选择“附加”，完成关卡链接（如图 7.2.7 所示）。

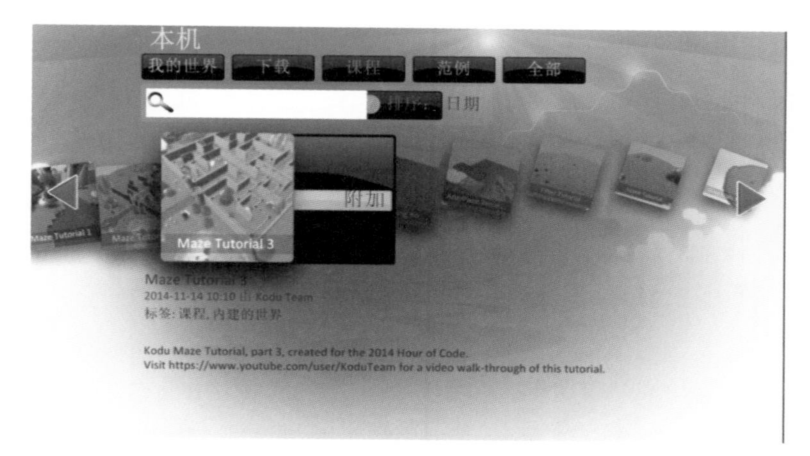

图 7.2.7　选择下一关游戏

链接成功后，在对象的“编排程序”界面中，再次点击“下一层”即可看到所链接关卡游戏的名称与缩略图，在此界面中还可以清除并更换新的链接（如图 7.2.8 所示）。

图 7.2.8　关卡名称与缩略图

需要注意的是，编写语句时，应先编辑游戏获胜条件，再设置该关卡与下一关卡的链接（如图 7.2.9 所示）。

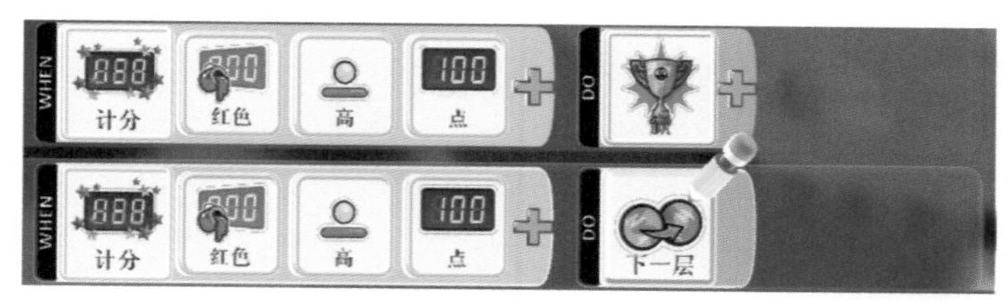

图 7.2.9　关卡链接

试一试　**将制作过的几个小游戏，用“下一层”来链接它们。**

二、关卡设计案例

通常来说，每一款游戏都有它的故事主线。请阅读下面这个故事，分析该游戏中的剧情、场景、对象、关卡等要素。

树林里住着两个好朋友，一个叫小楠，一个叫小飞。一天早上，小飞一觉醒来，发现小楠不见了，便急匆匆地穿过树林去寻找小楠。

小飞在树林边遇到小乌龟，被告知要用金苹果来交换小楠的消息。小飞一路寻找，在树林中找到了金苹果并交给了小乌龟，得知小楠就在湖对岸的邪恶森林里。

小飞小心地避开了湖边巡逻的飞鱼，找到一位贝壳公主，拿到了一颗金色星星，交给红海星巫师后，红海星巫师将湖水退去，露出了通往邪恶森林的道路。

小飞沿着道路来到一座大山，穿过由炮台组成的防御阵地，爬到山顶看到一个黑色城堡，击毁守护城堡的四爪机器人后，终于解救出了小楠。

故事已经初步构思好了，接下来就要对整个故事进行分步设计了。

第一步，剧情和游戏规则的设定。

关卡游戏先要确定游戏的主线任务是什么，再进行支线、各关卡的细化，还要注意每个关卡的平衡性、难度协调性、角色以及情节设置的连贯性。

下表是上述游戏故事的一种关卡设计方案。

关卡名称(编号)	获胜条件	失败条件	得分条件	失分条件
1.寻找金苹果	把金苹果交给小乌龟	陷入泥潭死亡	无	无
2.穿越湖泊	把金色星星交给红海星巫师	生命值为0死亡	无	被飞鱼击中一次，减少生命值2点。
3.攻陷城堡	击毁四爪机器人	生命值为0死亡	击毁一个炮台，增加生命值2点。	被击中一次，减少生命值2点。

在设计游戏的剧情、输赢规则、角色及其技能时，要注意它们是否能在KODU中实现。

第二步，根据剧情进行对象设计。

要进行的对象设计包括游戏主角、敌人、其他的人物及物件，还要考虑各对象的作用和技能的设定。如果是多人游戏，要进行多个角色的属性设定。在这个故事中，主角就是小飞。

第三步，场景与关卡设计。

在这款游戏中，关卡的难度与地图难度、对手的强度是息息相关的。随着游戏的发展，无论是地形地貌，还是面对的敌人都会越来越具有挑战性。在游戏过程中，玩家会收获到各种意想不到的惊喜，这能令玩家保持对该游戏的兴趣。因此，你要从场景、主角技能、敌人强度、游戏规则等方面，有层次、有梯度地丰富关卡内容。

第四步，调整关卡间的平衡性与连贯性。

议一议

请根据剧情，讨论关卡设计及其要素，并填写下表。

序号	关卡名称	场景要素	对象及功能			任务描述
			角色	敌人	其他	
1	寻找金苹果	小树林、泥潭	小飞：移动、拾取、对话	无	小乌龟：对话	躲避泥潭，拿到金苹果。
2	穿越湖泊			飞鱼：巡逻		
3	攻陷城堡					

试一试

利用“第三单元吃金币大作战”、“第四单元迷宫逃脱”、“第五单元极品飞车”这几个游戏的素材，汇编整理成为一个关卡游戏。

注意：

- **游戏的主角需要统一；**
- **游戏的故事必须有一条主线，例如所有关卡都是以吃金币为主线的任务；**
- **故事在关卡转换时要有连贯性，情节、对白都要设计合理；**
- **各个关卡的难度都要有梯度——简单的任务或容易的技能要放在前面，复杂的人物或较强的敌人要放在后面，这样的游戏才有挑战。**

单元项目活动 海底总动员

关卡游戏的确好玩多了！

是呀，要不你试着做一个“海底总动员”的关卡游戏，让大家领略一下神奇而又美丽的海底世界吧！

活动目标

设计海底总动员关卡游戏场景，可以包含河道、沙滩、海底等几种地形。选择一个角色来执行探险任务，如躲避防御塔和巡逻兵的攻击，同时寻找宝物，获得积分奖励，当摧毁防御塔、消灭巡逻兵后可获得积分。完成所有任务后，即视为通关。

因此，设计这个游戏时必须考虑以下内容：

- 剧情与关卡
- 场景与边界
- 适合不同关卡的防御塔对象
- 各类防御塔的行为动作规则
- 适合不同场景的巡逻兵对象
- 各类巡逻兵的行为动作规则
- 任务成功的规则判定
- 任务失败的规则判定

任务分析

关卡设计流程是：

剧情设定（主线故事、关卡细节）→ 对象设置（角色、敌人、其他）→ 各关卡地图绘制与任务设计 → 测评、调试关卡及难度

1. 编写游戏剧情与制定规则

在关卡游戏中，游戏剧情的发展与关卡的深入应逐渐丰富，如角色新技能的获取、场景难度的提升、对象数量的增加、敌人能力的增强等。奖励或惩罚的方式与力度随着游戏的深入也要有所改变。如此一来，既增加了游戏的趣味性，又延长了游戏的生命力。

游戏策划：

序号	关卡名称	场景要素	对象及功能			任务描述
			角色	敌人	其他	

这是一个关于________的故事，在该故事中，________遇到了下列挑战。

【第一关】____________（关卡名称）

挑战包括________________________，获得的奖励________________________，主角在完成了________________后，闯关胜利，进入下一关。

【第二关】________________(关卡名称)

挑战包括____________________________________,获得的奖励____________________________________,主角在完成了____________________后,闯关胜利,进入下一关。

【最终关】________________(关卡名称)

挑战包括____________________________________,获得的奖励____________________________________,主角在完成了____________________后,获得最终胜利。

2. 绘制场景草图

游戏中的多个关卡,你可以设计成一个大场景,包含多个小关卡,也可以设计成多个不同场景下的关卡。

记录单

绘制第一关草图:

绘制第二关草图:

绘制第三关草图:

新知探究

KODU 中设计关卡游戏时，可以利用声音、音效、表情、动作、语言等方式烘托各关的主题氛围。如在沙滩场景中可以插入海洋、海鸥的声音；在塔防游戏场景中可以插入空袭警报、猛烈炮击的声音等。

环境声音的设置

如果想让玩家在游戏过程中听到背景音乐是海洋的声音，按如下步骤设置：

第一步：在指定对象的“编排程序”界面，编写一条语句，在 WHEN 条件缺省的情况下，点击 DO 中的“+”，在弹出的环形菜单中选择“动作”，并在子菜单中选择“播放”（如图 7.3.1 所示）。

图 7.3.1　添加播放

第二步：单击播放后的“+”，在弹出的环形菜单中选择“环境音”，在子菜单中选择“海洋”，这样游戏的全程都是海洋背景声（如图 7.3.2 所示）。

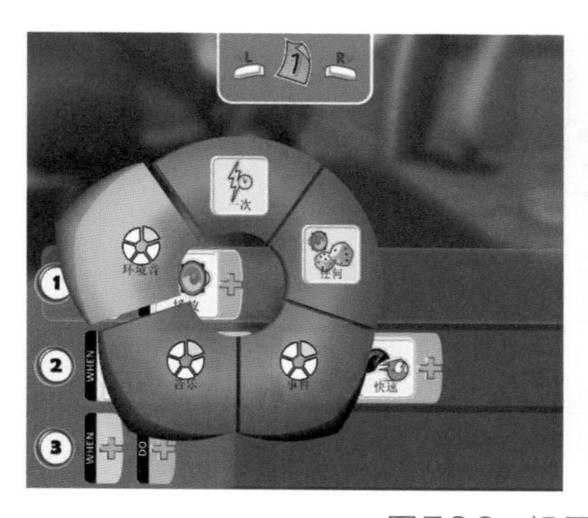

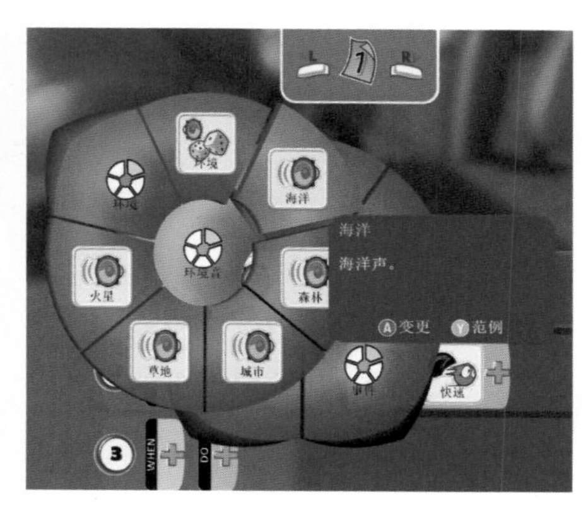

图 7.3.2　设置海洋背景音乐

对象音效的设置

当需要设置防御塔，以便在发现敌人后发出发射火箭攻击的声音，可根据图7.3.3进行语句设置。

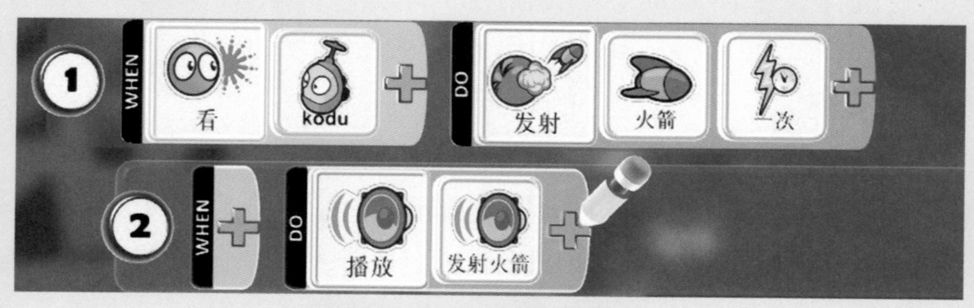

图7.3.3 设置火箭音效

想一想

图7.3.3中，语句②为什么要缩进？

“发射火箭”声在“播放”—“事件”—“塔防”中寻找。如下图所示，针对塔防有12种对象音效可供选择。

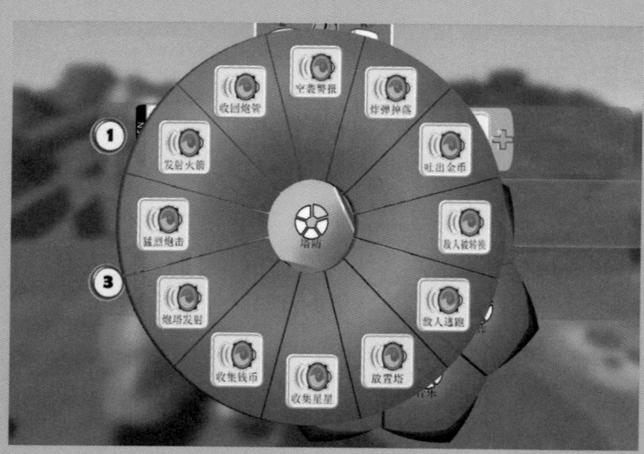

场景与动作设计

在这款关卡游戏中，设计各个场景，并填写下表。

	第一关	第二关	最终关
关卡名称			
地形地貌描述			

	序号	对象名称	物件名称	行为动作	声音音效	任务概述
关卡一	1					
	2					
	3					
	4					
	5					
关卡二	1					
	2					
	3					
	4					
	5					
最终关	1					
	2					
	3					
	4					
	5					

参考内容：

（1）场景设计：基本地形+海底场景

（2）场景设计：添加防御塔对象

（3）场景设计：添加巡逻兵宿主对象

（4）角色设计：添加闯关角色
（5）动作设计：角色控制动作
（6）动作设计：静态防御动作（被动+主动）
（7）动作设计：巡逻兵出现
（8）动作设计：巡逻路径
（9）动作设计：巡逻兵攻击动作
（10）对象设计：小鱼、海星
（11）动作设计：角色抓鱼、抓海星
（12）情节设计：对象表情、动作、语言、声音

理一理

你有没有发现无论怎样帮助小酷提高速度，它始终没有小海龟跑得快，那是因为每个对象都有其基本属性。为了在设计游戏时，更恰到好处地运用各种对象，来梳理一下它们的基本属性吧。

对象名称	速度快慢	是否可用对话	有哪些动作	有哪些表情	可用哪些音效

游戏调试与修改

序号	游戏中的场景、对象、功能、规则等	预设的结果	实际的结果	改进与提高
1				
2				
3				
4				
5				

游戏进阶

目前你所设计的游戏都是由同一个角色进行闯关，除了任务难度和场景难度可以递增以外，还有哪些地方可以做一些创意设计呢？例如，游戏角色是否可以升级？每过一关，是否可以为角色增加一项新的技能？关卡过渡时，是否可以增加有趣的剧情？在游戏过程中，是否可以增加主角与其他角色的对话？在游戏设计中，通常一个好的故事就是游戏成功的一半，你能否创作更加扣人心弦的故事，让玩家在每一关的游戏中遇到不同的冲突，拥有更多的选择，产生多种多样的结局呢？

拓展阅读：多媒体技术

多媒体技术是指通过计算机对文字、数据、图形、图像、动画、声音等多种媒体信息进行综合处理和管理，使用户可以通过多种感官与计算机进行实时信息交互的技术，又称为计算机多媒体技术。它涉及多媒体数据的采集、数据压缩、信息存储、网络通信、虚拟现实等多项技术。

多媒体技术在日常学习与生活中有着很广泛的应用。比如，在线学习能让我们参与实时交流、师生互动，或进行VOD点播，或观看微视频，既激发了学习兴趣，又提高了学习效率、丰富了学习感受。借助多媒体技术的发展，使得我们手中的数码相机、数码摄像机能拍摄出更美丽的作品，并利于分享给大家。有了多媒体技术，计算机系统的人机交互界面变得更加友好，更多非专业人员可以很方便地使用和操作计算机。例如，我们平时一直在用的Windows就是一款多媒体操作系统；在利用KODU设计游戏时，也可以方便地在游戏中插入图片、动画与声音这些多媒体对象。

计算机最终只能处理0和1这样简单的二进制数据，所以凡是媒体信息首先需要转换为一串由0和1组成的数字信息，经计算机加工处理后，还原为媒体信息。简单地说，多媒体技术主要是三个过程：将一般的媒体信息转换成数字信息，对数字媒体信息进行加工，将数字信息还原为媒体信息。其中，对数字媒体信息的加工最为复杂。例如，扫描仪将图片不同位置的颜色用不同的数值进行表示，使一幅真实的图片被加工成数字文件存储在计算机中。通过计算机的应用软件，人们又可以对图片文件作裁剪、调色等处理操作。最后，计算机将这些数字文件读取并转换为各种色彩，显示在屏幕上。

对多媒体数字信息的加工是多媒体技术的核心工作。以某款用于美颜的图片编辑软件的“一键美白”功能为例，因为此时照片已是数字文件，其技术本质就是在数字文件中自动识别脸的部位，通过修改颜色属性，调整色差，去除阴影部分，最终数字文件还原为图片时，看上去显得平整洁白。

对媒体信息的压缩，也是多媒体技术的基础工作。因为无论图片、声音还是视频，转换为数字信息以后，会占用很大的存储空间。媒体数据压缩就是在不影响人们正常使用这些媒体的前提下，运用相应的技术，尽可能地减少数字信息。BMP文件是原始的图片文件，如果相同的内容以JPG格式文件存储，文件大小会变小，这就表明相关软件对图片文件进行了压缩。

随着多媒体技术的发展，计算机可以处理人类生活中最直接、最普遍的信息，从而使计算机的应用领域及功能得到极大的拓展。在工业生产管理、公共信息咨询、商业广告、军事指挥与训练，甚至家庭生活与娱乐等领域都有它的身影。其中，虚拟现实是多媒体技术的一个新应用。

所谓虚拟现实，是多媒体技术与仿真技术、计算机图形学、人机接口技术、传感技术、网络技术等多种技术的集合，包括模拟环境、感知、自然技能和传感等各个方面。其中，模拟环境是指由计算机生成的、实时动态的三维立体逼真图像。它运用了多媒体技术所生成的视觉、听觉、触觉、力觉等，构造一个高仿真的环境。虚拟现实不仅能给电子游戏带来非常好的体验，而且在医学的人体器官模拟、航空航天的模拟训练以及室内设计、文物古迹再现、教育等领域有着广泛的运用。

第八单元　自主游戏项目的设计与开发

小酷，学校科技节要开幕了，我们能做点什么，好让科技节更加有趣一些呢？

我们为科技节设计几款电子游戏吧，既能展示学习成果，又能供同学们娱乐竞技。

好呀！那我们应该怎样去设计开发？又如何得知同学们更偏爱哪款游戏呢？

这就要依靠集体的智慧和劳动了，我今天带你体验一次游戏开发的全过程。我们采用招投标的形式，请参加设计的每个小组成立一个设计公司，并参加科技节电子游戏竞技设计大赛的投标工作，通过大家对作品的测评来确定中标公司，相应的作品也将在科技节上与同学们见面。

通过前面几个单元的学习，大家了解到地形地貌设计、游戏规则设定、角色动作设计、关卡的设置，以及程序编写等内容，都是游戏设计的一部分。游戏的设计开发就是把这些要素融合在一起，使之变得更加完整、更加有趣。但是，开发一个游戏是一项大工程，需要投入大量的人员和时间。

如果要设计出一款既好玩又耐玩的大型游戏，一个人的力量或许难以实现，常常需要多个人员一起来参与。这个开发过程由几个环节所构成，首先要进行项目策划，主要是策划师负责策划游戏的剧情，把主角要做的事情编成故事；接着，游戏设计师根据故事来设计关卡；随后，美工绘制地图，做出游戏场景；之后，再由程序员编写程序，并进行测试完善。

这些任务可以根据个人的专长由不同的人来完成，有时一个人也可以身兼数职。例如，团队中所有的人都可以来试玩游戏，担当游戏的测试员，并提出自己的意见和建议，供策划师、设计师、美工、程序员来参考，以促进游戏的修改与完善。

理一理

游戏设计开发岗位名称	主要职责
项目经理	项目开发的主管，对整个项目进行统筹、管理。

任务一　筹建游戏设计开发公司

小酷，我能不能也成立一个公司来参加投标啊？

当然没问题，快来看我为你拟定的招聘公告与员工登记表吧！

招聘公告

学校科技节开幕在即，现拟成立游戏设计开发公司，参与科技节游戏设计大赛，特招聘以下岗位：

项目经理（1名）：沟通表达能力强，具有责任心和较强的组织协调能力。

游戏设计师（1–2名）：思维敏捷，沟通表达能力强，有文案创作经验者优先。

美工（1–2名）：具有一定美工基础，熟悉KODU设计，操作能力强。

程序员（1–2名）：思维敏捷，熟悉KODU程序编写，能依据任务书进行软件编码实现。

期待您的加盟！

游戏开发项目组

联系人：娜娜

● 填写公司员工登记表

公司员工登记表

公司名称			
姓名	岗位	特长	主要任务

任务二 创意设计与分析

小酷，公司已经完成招聘工作了，可是在你写的招聘公告里，怎么没有招聘游戏策划师呀？

你招聘的每个人都可以参与策划。大家完全不受约束地去编写故事情节、规划场景、设计游戏角色、制定游戏规则，以及编写程序语言等，自由地进行创想。所以，人人都是游戏策划师啊！

在前面的单元中，你已经初步学习、了解了游戏开发的流程，知道一款游戏从创意到实现需要经历多个步骤与环节。值得一提的是，开发设计的过程中要遵循一定的规则，只有这样才能使开发设计工作有条不紊，这需要通过实践来慢慢体会。现在，请公司的每位员工都开动脑筋，设计属于自己的游戏策划方案吧！

游戏策划方案：

项目	内容
游戏名称	
游戏类型	
剧情(关卡)描述	
输赢机制	
大致场景描述	
其他	

在确定游戏策划方案之前，可以参照第一单元的拓展阅读板块来回顾游戏类型方面的相关知识。需要注意的是，并不是所有的游戏类型都能在KODU中被开发实现。

你还可以参考下面的游戏策划案例：

游戏名称	跑跑单轮车
游戏类型	单机游戏，竞速类
剧情(关卡)描述	单轮车在不同场景跑道上行进，获得胜利后，进入下一个关卡，跑道难度随之提升。
输赢机制	在规定时间内，到达跑道终点者即宣告获胜，反之，则失败。不同玩家还可以通过比较到达终点的时长来评判输赢，用时少的玩家获胜。
大致场景描述	第一关：普通环形跑道。 第二关：沙漠不规则跑道。 第三关：多地形不规则跑道，出现上下坡道，增加石块等障碍物。

任务三　创意遴选与可行性分析

小酷，你快看，我们每个人的策划方案都完成啦！

你们可真棒啊！可是，我们不可能一次做那么多，就让每位员工与大家分享一下自己的创意，从中选出一个最佳方案。还要提醒你的是，有些方案看起来很不错，但是在KODU中却很难实现，评选时可要千万注意哦！

● 填写创意遴选记录表

创意遴选记录表

方案名	提议人	优点	缺点

● 填写创意可行性评估表

创意可行性评估表

方案名	提议人	可玩性	耐玩指数	难度系数	KODU 实现	总评

在做可行性评估时，可参考以下指标：

- 可玩性：指一款游戏带给玩家的乐趣类型，可以是闯关类、竞速类、剧情类等，也可以是不断提升角色强度，或者操作熟练度等方式。在评估可玩性时，还需要考虑游戏的操作方式是否方便玩家等因素(1-5星，获得星数量越多，可玩性越高)。
- 耐玩指数：指游戏在吸引玩家长期投入、反复尝试等方面的表现。比如，有些耐玩性较高的游戏中包含多种元素，使玩家在游戏过程中不断获得新鲜感；又如，有些游戏虽然看似简单，但却能吸引玩家不断挑战自身极限，体验多种胜利方式等，这些游戏也有较高的耐玩性(1-5星，获得星数量越多，耐玩指数越高)。
- 难度系数：反映游戏的难易程度，它与游戏规则、主角能力、特性效果、关卡设计、平衡性等方面都有关联。在一些游戏中，如果将某些能力道具放在游戏前期获得，则会使得游戏变得很容易通关，同时会使一些玩家觉得游戏太简单、太无聊、没有挑战等。另一些游戏的关卡难度非常之大，使得绝大多数的普通玩家无法过关而最终放弃。因此，难度系数并不是越高越好，我们一定要把握好游戏难度，在本游戏中难度设置不宜过高(1-5星，获得星数量越多，难度系数越高)。
- KODU 实现：指这款游戏的设计是否能用 KODU 现有的技术实现，可以简单罗列所学技术与设计所需技术，契合度越高越容易实现(1-5星，获得星数量越多，越容易实现)。

● **填写可行性分析单**

KODU 中的可行性分析单

创意设想	KODU 中用到的工具

评估报告：

所选游戏：________________

理由简述：____

在设计游戏时，必须考虑它的操纵方式。对于一些特定类型的游戏，特殊的操纵方式会让游戏乐趣横生。

红白机(FC)时代非常出名的打鸭子游戏，需要玩家瞄准屏幕上移动的鸭子，这个游戏需要使用光线枪来玩，如果让你用手柄操作，肯定玩不下去。

玩赛车游戏时，你一定会选择使用方向盘组合，它能让你获得使用键盘控制赛车无法比拟的驾驶体验。

团队合作为主的射击类游戏“反恐精英”，如果让你选择用鼠标、键盘控制，还是用手柄、摇杆控制，你一定会毫不犹豫地选择鼠标、键盘。

随着现代技术的发展，体感技术、虚拟现实技术、增强现实技术等多种技术不断涌现，使玩家可以身临其境地玩各类游戏，获得更为逼真的感官体验。

任务四 任务分解与实施

得到一个好的创意还真不容易啊。

没错，对于游戏设计来说，一个好的创意就意味着成功了一半。

还有另一半呢？

另一半就是将游戏从设计书变为现实啊。首先需要进行任务分解，把每个所需要考虑到的问题都罗列出来，再交予擅长这项工作的人去实施。

要把游戏策划书中的创意细化，需要编写游戏的故事情节，回答许多问题。比如，谁是主角？主角要做什么？主角能做什么？主角是否会获得新的技能？场景中是否有挑战、奖励、伙伴或者敌人？当主角战胜挑战之后又会获得什么回报？……

● 细化游戏策划书

这是一个关于__________的故事，在过程中主角__________

要克服挑战__________

才能赢得游戏胜利。在挑战中，遇到了敌人，__________

____

遇到了伙伴__________

____

还收获了额外的奖励，包括__________，

____

主角在完成了__________后，

游戏胜利！

● 绘制场景草图

根据你的游戏策划书，来绘制游戏场景草图，该游戏可以发生在同一个场景，也可以是多个不同场景。

记录单

绘制游戏场景草图：

● 填写游戏设计任务书

第（　　）环节	基本属性	特征	备注（剧情、人物对话等）
角色			
场景（关卡）			
游戏规则			

第（　　）环节	基本属性	特征	备注（剧情、人物对话等）
角色			
场景（关卡）			
游戏规则			

第（　　）环节	基本属性	特征	备注（剧情、人物对话等）
角色			
场景（关卡）			
游戏规则			

● 填写游戏开发任务书

任务	负责人	任务说明	出现问题及解决办法
场景搭建			
对象设计			
动作设计			

- 调试与修改游戏

游戏中事件	预设的结果	实际的结果	改进与提高

- 检测游戏各开发环节

开发环节	负责人	检测项目	完成情况

在进行任务分解与实施过程中，要注意以下各环节：

1. 场景与对象设计

   场景设计：合理使用各种场景，要考虑到某些需要利用场景才能实现的游戏规则。

   对象设计：在设计过程中，应当善于利用不同对象的属性，敢于设计更多样化的对象，精于打造某个对象的技能变化与发展。

2. 情节(关卡)设计

   情节设计要不断激发玩家的兴趣。在每个关卡中，可以通过开场提示来明确游戏任务目标，并在关卡过程中设计各种挑战。每个挑战也可以进行设计，比如，挑战中初始占优，继而苦战，坚持到最后挑战成功等。

3. 动作设计

   合理运用各种对象及动作，既能贴合设计需求，又能符合操作需要。

4. 环节检测

   环节检测是游戏开发的必要步骤，在每一环节的设计被实现时，都需要进行检测。环节检测能及时发现游戏开发中所存在的问题，以便研究对应策略。例如，当设计的动作在KODU中不能实现时，应考虑是否更换为其他动作，或是重新设计新的对象和动作。只有在游戏开发过程中不断检测，才能不断发现问题、解决问题，进入下一环节的设计实现。

任务五　游戏测评

小酷，我们设计的游戏完工啦！

太好了，赶紧让大家来试玩一下吧！

● **尽情地玩一玩各自设计的游戏，填写游戏测评表**

游戏测评表

<table>
<tr><th></th><th>很满意</th><th>有待改进</th><th>不满意</th></tr>
<tr><td>场景大小合适</td><td></td><td></td><td></td></tr>
<tr><td>场景布局合理</td><td></td><td></td><td></td></tr>
<tr><td>场景美观</td><td></td><td></td><td></td></tr>
<tr><td>对象控制</td><td></td><td></td><td></td></tr>
<tr><td>程序实现功能</td><td></td><td></td><td></td></tr>
<tr><td>综合评价</td><td></td><td></td><td></td></tr>
<tr><td rowspan="4">游戏改进建议</td><td colspan="3">场景：</td></tr>
<tr><td colspan="3">功能：</td></tr>
<tr><td colspan="3">对象：</td></tr>
<tr><td colspan="3">其他：</td></tr>
<tr><td>游戏改进措施</td><td colspan="3"></td></tr>
<tr><td>希望学习的知识与技能</td><td colspan="3"></td></tr>
</table>

拓展阅读：软件开发

软件开发是人们使用各种计算机语言将现实世界映射到计算机世界的过程，它是依据客户需求来创建出软件系统或者系统中的软件部分。软件开发是集采集用户需求、需求分析、代码设计、编写实现和测试维护为一体的系统工程。

为了方便编制、运行、维护计算机软件，软件都是由一个个具体独立功能的程序模块构成的。无论计算机所完成的工作多么浩繁、复杂或者精细，它必须按人们预先编制好的程序进行工作。一个完整的程序设计过程可分为三个步骤，简单可归结为“模型—算法—编码”。

第一步，分析问题，构造模型。

每一个程序都应有明确的功能要求，即程序应解决的内容、性质及规模，并且能将功能目标用一定的方式表达。例如，在KODU游戏程序设计开始时，必须分析游戏的内容是什么，属于什么类型的游戏，游戏适合单人玩还是多人同时玩等一系列问题，然后，形成整套游戏规则模型。

第二步，算法设计，过程描述。

模型一旦建立起来，也就是确定了程序该“做什么”。在编写出程序以前先要为它寻找一个“如何做”的算法，然后按算法编写出程序。算法给出的是计算机“如何做”的过程中所包含的明确步骤，而这种处理过程必须准确地描述出来。描述的方法有很多，可以参见第二单元的拓展阅读。

第三步，程序编写，测试运行。

软件一般是用某种程序设计语言来实现的，编写程序前，必须先要选定一种程序设计语言，例如，KODU就是一个适合编制游戏的计算机语言。编写程序的要求是结构清晰、简洁，准确地表示解决问题的过程。程序编写后还要进行调试工作，目的是查找和改正程序中存在的错误，使程序能顺利地运行。

大部分人都认为软件开发过程中，程序编写阶段最重要。实际上，在程序开发过程中，有两个非常重要的环节，一个是需求分析，另一个是软件维护。

软件需求分析就是对开发什么样软件的一个系统的分析与设想，它处于“分析问题，构造模型”阶段。这是一个对用户的需求去粗取精、去伪存真、正确理解过程，能够把用户需求用软件工程开发语言正确地表达出来。需求分析是软件设计的基础，如果需求分析不完整，那么开发的软件功能必定不可能符合要求，从而导致软件结构性的修改，甚至推倒重来。

软件维护是指在已完成对软件的研制工作并交付使用以后，对软件产品所进行的一些软件维护活动。因为针对大型软件，在测试阶段很难发现并纠正所有错误，并且用户也会有新的功能要求。因此，必须根据软件运行的情况，对软件进行适当修改。所以，很多软件都会有版本升级的情况出现。

在实际开发过程中，软件开发并不是从第一步进行到最后一步，在每次进入下一阶段前，都会对本阶段的工作进行评估，如果存在问题，就有可能退回一步或几步。为了保证每一阶段工作的正确与规范，在软件开发过程中，需要建立一系列的文档资料，例如软件需求说明书、概要设计说明书、修改需求说明书等，开发人员依据这些说明书来编写代码，测试程序功能。